苍珠帝

Photoshop古风插画技法完全教程

萌动情诗 编著

人民邮电出版社
北京

图书在版编目（ＣＩＰ）数据

卷珠帘：Photoshop古风插画技法完全教程 / 萌动情
诗编著. -- 北京 : 人民邮电出版社，2020.2
ISBN 978-7-115-52345-7

Ⅰ. ①卷… Ⅱ. ①萌… Ⅲ. ①图象处理软件－教材
Ⅳ. ①TP391.413

中国版本图书馆CIP数据核字(2019)第230109号

内 容 提 要

　　一幅好的具有中国画美感的古风插画，其画面表现力颇有意境，线条张弛有度，人物造型准确、配色清新唯美，大家虽然喜爱创作古风插画，却也苦恼于线稿的绘制与上色、人物造型的塑造、配饰与场景的搭配等几方面的问题。

　　本书是专门为热爱古风插画创作的朋友精心制作的，它从使用 Photoshop 进行唯美古风创作的实际应用出发，本着易学易用的特点，从零起步，开始讲解古风插画的绘制。全书共 6 章，第 1 章讲解了使用 Photoshop 进行板绘的基础知识和基础绘制技法；第 2 章则从画面构图、线稿绘制、线稿上色、人物头部、人物发型和整体造型六个方面讲解了古风人物的造型绘画基础知识；第 3 章主要讲解了人物服饰的绘画技法，包括服装的一些基础知识、各种配饰的设计搭配方法、服装褶皱的画法、材质的表现等；第 4 章则讲解了古风插画中室内场景和室外场景的绘制技巧；第 5 章讲到了超萌有趣的 Q 版古风人物的造型设计方法；第 6 章则是三个原创插画的绘画演示，目的是让读者通过实战案例更加快速地掌握古风插画的绘制技巧。

　　本书内容充实，案例丰富，作者将自己的绘画经验倾囊相授，对使用 Photoshop 进行古风插画创作的核心知识与技巧进行了全面归纳。本书不仅适合插画师、CG 绘画初学者及爱好者学习使用，也可以作为各高校美术、艺术设计等相关专业的培训教材。

◆ 编　著　萌动情诗
　　责任编辑　王　铁
　　责任印制　陈　犇
◆ 人民邮电出版社出版发行　　北京市丰台区成寿寺路 11 号
　　邮编　100164　电子邮件　315@ptpress.com.cn
　　网址　http://www.ptpress.com.cn
　　临西县阅读时光印刷有限公司印刷
◆ 开本：787×1092　1/16
　　印张：14.75　　　　　　　　　　2020 年 2 月第 1 版
　　字数：378 千字　　　　　　　　2020 年 2 月河北第 1 次印刷

定价：79.80 元

读者服务热线：(010)81055296　印装质量热线：(010)81055316
反盗版热线：(010)81055315
广告经营许可证：京东工商广登字 20170147 号

目 录 *Contents*

目 录 *Contents*

第3章
CG古风插画服饰的造型设计

第4章
CG古风插画的场景设计

第5章
CG古风插画Q版人物造型设计

第6章
CG古风插画案例演示

第1章

CG绘画与Photoshop软件基础

CG 绘画与传统绘画不同，它是一种采用电脑、数位板与绘图软件等工具进行创作的绘画形式。

1.1 绘画前的准备工作

"工欲善其事，必先利其器"，在作画之前，首先要完成电脑、数位板及Photoshop软件的相关配置。

1.1.1 绘图环境与电脑配置

通常选择家用电脑即可，尽量选择质量比较好的显示器，显示分辨率尽量大些（当然，大小与价格也是成正比的，在现有条件下抉择即可），最重要的是色彩与色温（即色差问题），这个可主观评判，选择能满足自己要求的即可。

● 作画环境 ●

● 作者的电脑配置 ●

1.1.2 数位板的介绍

数位板也称手绘板，是很重要的CG绘画工具，由一块板子和一支数位笔（压感笔）组成。

注：左图所示为作者使用的数位板，型号为Wacom影拓Pro PTH651，为方便大家理解，这里只用此型号作演示，不必执着于与作者所用型号绝对相同，可以比较不同数位板的尺寸、压感度、性价比等因素，选择自己喜欢的即可。

数位板的一项重要功能就是压力感应，通过感应作画者下笔力度的大小来实现对线条粗细、颜色深浅的控制。

1.1.3 **数位板的安装与设置**

数位板与数位笔上都有不同功能的快捷键，可根据绘画者的喜好与作画习惯修改和调整这些功能。

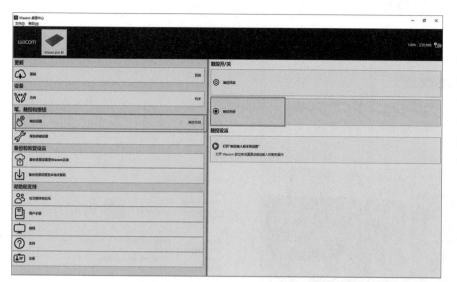

触控功能：

可通过简单的手指动作和敲击，实现对电脑桌面和程序的控制，类似鼠标或笔记本触控板的功能，可开启也可关闭，可以按照绘图者的个人习惯与喜好自主选择使用。

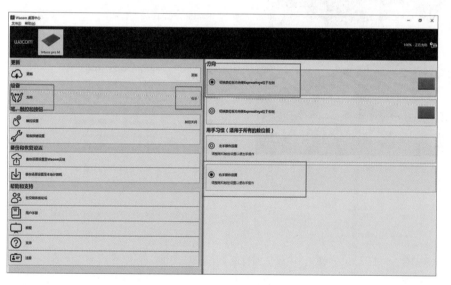

方向：

用于设置对绘图者左右手的选择，默认设置为右手绘图，若个人习惯左手绘图则修改此处即可。

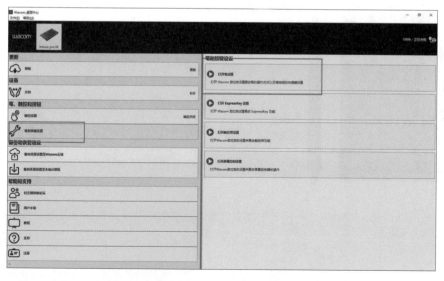

笔设置：

指数位笔的偏好选项设置，单击"紧握笔"即可调节数位笔的常规参数。

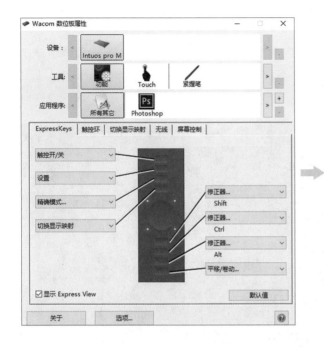

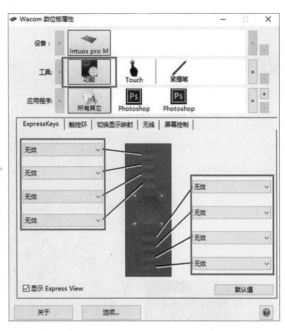

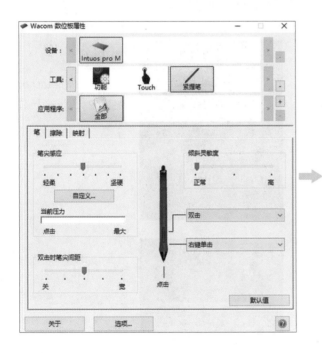

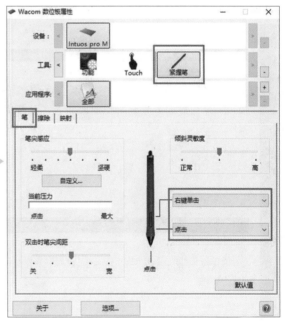

1.2 Photoshop 软件初入门

Photoshop简称PS，是一款功能强大的图像处理软件，也是常用的绘图软件之一，本书全程用Photoshop软件进行讲解演示，并以CS6版本为例介绍Photoshop的基本操作及常用功能

1.2.1 Photoshop 软件界面介绍

开启Photoshop相当于打开绘画工具，双击PS图标即可进入操作界面。

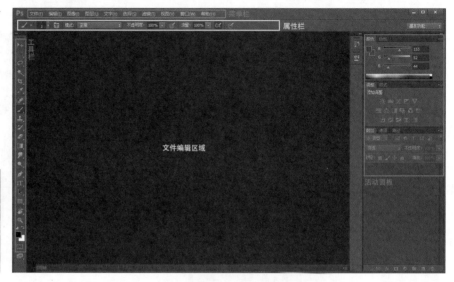

1.菜单栏

这里包含了文件、编辑、图像、文字等菜单，可以根据实际需要打开菜单中的命令，对图像进行操作。

2.属性栏

当我们选择了工具栏中的工具时，这里会显示该工具的相关属性。

3.工具栏

将鼠标指针放在某个工具图标上，可以显示这个工具的名称。有些工具的右下角还有一个三角形图标，表示这是一个组合工具，这里还有其他的工具，用鼠标左键按住这个三角形图标，就会把这里包含的工具都显示出来。

4.文件编辑区域

在这里对文件进行编辑，也是Photoshop绘画意义上的绘图区域。

5.活动面板

这里包含各种功能面板，比如图层、历史记录等。这里的面板都可以最小化或者关闭，打开菜单栏上的"窗口"菜单，这里列出的就是活动面板的名称，打钩的表示这个面板当前是显示的，没有打钩的就表示不显示，可以在这里选择你想显示和隐藏的面板。

活动面板与工具栏都可以随意拖动，可以将它们拖到屏幕上的任何位置，但时间久了，屏幕会变得很乱，此时可以单击【窗口】→【工作区】→【复位基本功能】，所有的面板就都排列整齐了，恢复了默认的设置。

按一下键盘上的Tab键，可以将所有的工具栏和面板隐藏。

再按一下键盘上的Tab键，则取消隐藏，恢复原貌。

同时按住Shift键和Tab键，可以隐藏右边的活动面板，保留工具栏。

1.2.2　文件的新建及保存

● 文件的新建

在使用传统的方法绘画之前，要准备一张画纸以便于创作，那么在Photoshop软件上绘图的第一步，也是准备"画纸"，只不过换了一个名字，叫作"画布"。

打开Photoshop软件，单击菜单栏上的【文件】→【新建】，即可打开【新建】对话框。

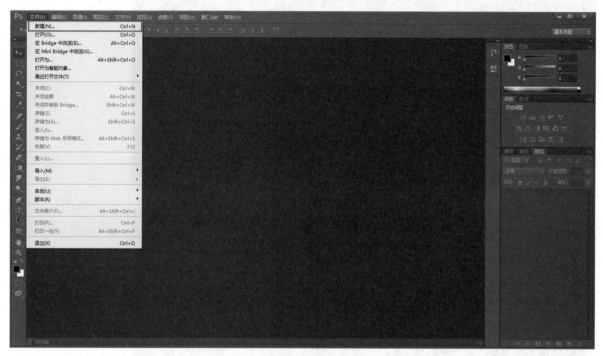

下面讲解一下【新建】对话框中各参数的含义。

名称：

可以自定义名称，为将要绘制的插图命名（也可以在保存时指定名称）。

宽度/高度：

若要自定义画布大小，那么可以对宽度/高度自由进行调节。

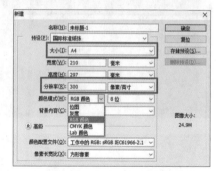

> 注：要注意后面的单位名称，如毫米、像素等。

颜色模式：

常用RGB颜色模式，若绘制用于杂志、书籍等纸质媒介的插图时，则需要更改成CMYK颜色模式。

> 注：灰度模式是无法绘制彩色插图的。

预设：

设置画布大小格式，选择一种画布格式则会出现相应的画布尺寸、分辨率等。

> 注：若绘制比较大的图时，可适当调高分辨率（350-450），也可选择较大的画布，按照个人习惯决定即可。

作者个人常选用【国际标准纸张】的【A4】大小，分辨率设置为默认的300。

单击对话框右上角的【确定】按钮，则在中间显示的白色区域，也就是新建的一张"白纸"啦！

● 文件的保存

正式画图前要新建文件，画完图后自然要保存文件。

单击菜单栏上的【文件】→【存储为】，将打开【存储为】对话框。

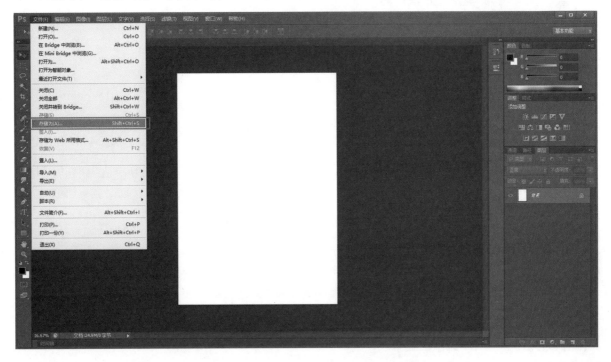

文件名:

可以在这里编辑文件名。

格式:

默认格式为Photoshop（*.PSD;*.PDD)格式，这是分层文件的存储格式，画图时一般会创建多个图层，可以选择默认格式，将文件保存成PSD分层文件格式。若想将绘制出的插图保存成图片格式，则可以选择下面的JPEG（*.JPG;*.JPEG;*.JPE）格式，即我们平时常见的后缀为".jpg"的图片。

● 常见的保存问题

在使用Photoshop软件时，有时会经历一个特别头痛的问题，就是在画图过程中，突然弹出类似下图所示的提示窗口，即我们常说的Photoshop"崩溃"。

此时不得不强制关闭Photoshop软件，重启以后才能继续工作，但重启以后之前绘制的文件便因为未保存而不复存在，以至于之前绘制的所有内容付诸东流，这也是最无能为力的事情。

这是因为Photoshop软件与电脑系统的内存、配置等息息相关，绘图期间软件或系统出现的任何问题都可能导致Photoshop出现卡顿、崩溃的状况，虽然CS6版本已经有自动保存的强大功能，不过绘画者也要养成经常保存文件的好习惯，避免功亏一篑。

保存文件的快捷键是【Ctrl】+【S】，要牢记这个快捷键，间隔一段时间将自己的绘画成果保存一下，就不用害怕突如其来的问题了！

1.2.3 **工具栏常用的工具功能及使用** ·····························

● 移动类工具

移动工具:
这是经常使用的工具之一,可以对Photoshop里的图层、绘画对象或选择区域进行移动。

抓手工具:
用来抓住画布进行拖动,也是常用的工具之一,画图时常用空格键临时切换为抓手工具,以方便画图时操作。

旋转视图工具:
用鼠标左键长按抓手工具,在弹出的选项中选择旋转视图工具,即可启用旋转画布视图的功能,其快捷键为【R】。

● 选区类工具

矩形选框工具:
可以在图像中选取一个矩形选区范围。
按住【Shift】键的同时,可选择一个正方形选区范围。

椭圆选框工具:
用鼠标左键长按矩形选框工具,在弹出的选项中选择椭圆选框工具,可以在图像中选取一个椭圆形选区范围。按住【Shift】键的同时,可以选取一个圆形选区范围。

套索工具:
选择该工具后,按住鼠标左键或手绘笔不放并拖动,可任意画出一个不规则的选区范围。

魔棒工具:
在图像的某颜色区域单击一下,即可对图像颜色进行选择,选择的颜色范围要求是相同的颜色,在属性栏的【容差】中可以调整容差度,数值越大,表示魔棒所选择的颜色差别大,反之,颜色差别小。

选区类工具具有以下特点。
a.在选择区域基础上再按【Shift】键可添加选取范围。
b.在选择区域基础上再按【Alt】键可删减选取范围。
c.按【Ctrl】+【H】快捷键可隐藏选择范围。
d.按【Ctrl】+【D】快捷键可取消选择范围。

● 颜色选取工具

吸管工具:
选择颜色时常用的工具之一,画图时按住【Alt】键会临时切换到吸管工具,更方便画图时操作。

● 绘图类工具

画笔工具:
即绘图画笔,通过选择不同类型的画笔,可绘制多种画笔笔触,快捷键为【B】。

橡皮工具:
即橡皮画笔,通过选择不同类型的画笔,可擦除画笔痕迹,快捷键为【E】。

画笔工具与橡皮工具是经常配套使用的绘图工具。

减淡工具：

可以减淡图像颜色，使笔触覆盖的区域颜色变亮减淡。

加深工具：

用鼠标左键长按减淡工具，在弹出的选项中选择加深工具，即可加深图像颜色，使笔触覆盖的区域颜色变暗加深。

涂抹工具：

用于颜色过渡，将颜色柔和化，可通过使用不同画笔得到不同涂抹效果。

绘图类工具具有以下特点。

a.均可通过单击鼠标右键选择画笔类型，并调节画笔参数。

b.缩小画笔的快捷键【[】，对所有绘画类工具均适用。

c.放大画笔的快捷键【]】，对所有绘画类工具均适用。

● **图像处理类工具**

裁切工具：

将裁切节点向图像内部拖动可裁剪画布范围，向图像外部拖动可增大画布范围。

渐变工具：

主要用来对图像进行渐变填充，双击渐变工具，在右上角会出现渐变类型，打开右边的三角形下拉列表，可以选择各种渐变类型，在图像中按住鼠标左键往某一个方向拖动并松开鼠标，即可填充渐变颜色。如果想在图像局部填充渐变色，则要先选择一个选区范围。

文字工具：

可在图像中添加文字，单击下图所示选项，可在打开的【字符】面板中调节文字参数。

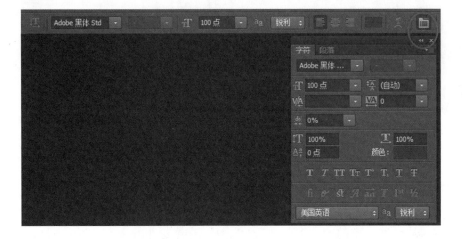

1.2.4 Photoshop 常用快捷键 ·······································

上一小节讲解工具功能时标注出的几个快捷键都是非常重要的，本小节整理了一些比较常用的快捷键。

● **绘图工具**

【B】画笔工具

【E】橡皮工具

【[】缩小画笔

【]】放大画笔

【L】套索工具

【Ctrl】临时使用移动工具

【Alt】临时使用吸色工具

【空格】临时使用抓手工具

【D】默认前景色和背景色，即恢复前景色为黑色，背景色为白色

【X】切换前景色和背景色

【Alt】+【Delete】填充前景色

【Ctrl】+【Delete】填充背景色

● **图像选择与变换**

【Ctrl】+【T】自由变换图像

【Ctrl】+【A】全部选取

【Ctrl】+【D】取消选择

【Ctrl】+【Shift】+【I】反向选择

【Ctrl】+【Z】还原/重做前一步操作

【Ctrl】+【Alt】+【Z】还原两步以上操作

● **图层操作**

【Ctrl】+【J】通过拷贝建立一个图层

【Ctrl】+【Shift】+【J】通过剪切建立一个图层

【Ctrl】+【E】向下合并或合并多选图层

● **视图操作**

【Ctrl】+【+】放大视图

【Ctrl】+【-】缩小视图

【R】旋转视图/【ESC】恢复默认

● **图像调整**

【Ctrl】+【U】调整"色相/饱和度"

【Ctrl】+【B】调整"色彩平衡"

【Ctrl】+【M】调整"曲线"

【Ctrl】+【L】调整"色阶"

● **存储操作**

【Ctrl】+【S】保存文件

1.3 Photoshop 画笔的设置与使用

可以将Photoshop画笔看成是文具盒中的各类"画笔"，切换不同的画笔或调整各种参数，会在画面中呈现出不同的绘画效果。

1.3.1 Photoshop 画笔面板介绍

（1）单击工具栏中的 ✍ 进入画笔模式。

（2）单击菜单栏中的【窗口】→【画笔】，会弹出画笔面板，面板右侧为画笔笔尖形状对应选项。

画笔调节选项卡

画笔笔尖形状列表，相当于"笔盒"，可从中选取需要的画笔

调节画笔笔尖形状的参数，例如，画笔大小、倾斜角度、硬度、间距等

注：用快捷键【F5】打开画笔面板比较方便，若快捷功能无法使用，则可尝试在菜单栏中打开。

在画布上单击鼠标右键或者单击画笔面板上的 画笔预设 选项，会弹出画笔预设面板。

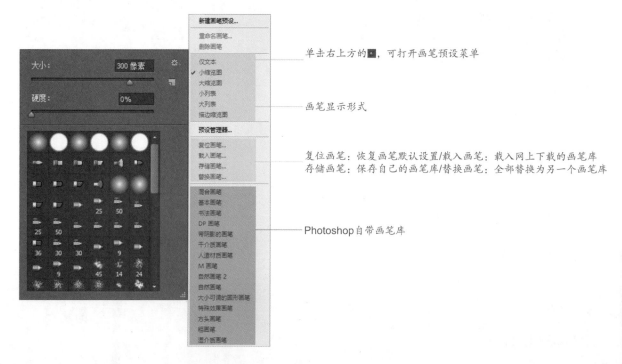

单击右上方的 ▣ ，可打开画笔预设菜单

画笔显示形式

复位画笔：恢复画笔默认设置/载入画笔：载入网上下载的画笔库
存储画笔：保存自己的画笔库/替换画笔：全部替换为另一个画笔库

Photoshop自带画笔库

1.3.2 Photoshop 默认画笔介绍

Photoshop默认的画笔库中有很多好用的画笔，当然自己也可以去网上找一些喜欢的画笔库载入进来，可以在画布试试效果，找出适合自己使用的画笔。下面先介绍几种常见的默认画笔。

● **基础圆形画笔（没有压感效果）**

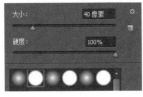 

【柔边圆】边缘硬度小，虚边画笔效果。

【硬边圆】边缘硬度大，实边画笔效果。

> 注：通常我们称画笔或者数位板有压感，是指通过手控制手绘笔的力度来决定所绘线条的粗细和颜色深浅程度。

【有压感效果的圆形画笔】

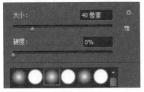 

【柔边圆压力大小】虚边画笔，力度决定线条的粗细效果，常用于勾勒硬度小、边缘柔和的线条。

【硬边圆压力大小】实边画笔，力度决定线条的粗细效果，常用于勾勒硬度大、边缘清晰的线条。

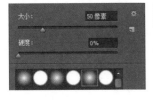 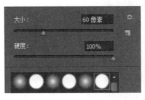

【柔边圆压力不透明度】虚边画笔，力度决定线条的颜色深浅效果，常用于对颜色进行过渡柔化。

【硬边圆压力不透明度】实边画笔，力度决定线条的颜色深浅效果，常用于强调边缘。

【万能型画笔——19号画笔】

 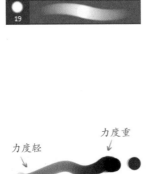

【喷枪钢笔不透明描画】边缘硬度高，实边效果，力度决定线条的粗细和深浅变化，是最常用的上色画笔。

同时，在调节参数后还可用于绘制草图、勾线、渲染等，所以被称作万能型19号画笔。

19号画笔的载入方法

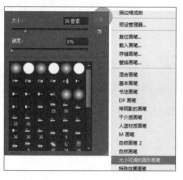

单击菜单列表中的【大小可调的圆形画笔】，在弹出的对话框中单击【追加】按钮，将进度条拖到最下方即可看到【喷枪钢笔不透明描画】画笔，这就是常说的19号画笔。

注：这是Photoshop自带画笔库中的隐藏画笔包，其他画笔包都可以按照这个步骤载入，比如书法画笔、干介质画笔、自然画笔、湿介质画笔等。

● 不规则形状画笔

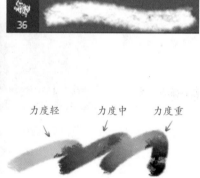

【大涂抹炭笔】

不规则形状画笔，带有材质效果，力度决定线条的颜色深浅效果，线条有颜色层次变化。

力度轻　力度中　力度重

【干画笔尖浅描】

不规则点状画笔，带有类似铅笔、炭笔等效果，力度决定线条的颜色深浅效果。

力度重　力度轻　力度中

1.3.3 Photoshop 画笔的设置原理

在Photoshop中，通过调节画笔的间距、硬度、形状动态、传递等参数，可以设置出不同绘画效果的画笔。

● 间距设置

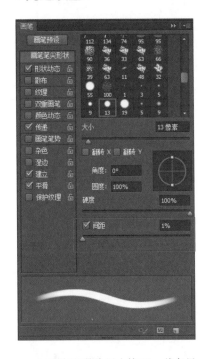 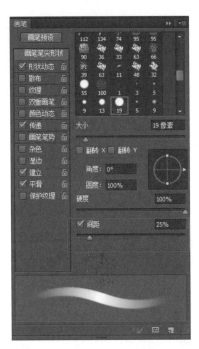 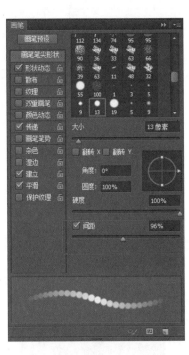

画笔间距值为最小值1%，线条最平滑。

画笔间距值不再是最小值，而是25%左右，线条带有一些肌理感，有笔触效果。

画笔间距值增大至96%左右，线条呈现规律的点状效果。

● 硬度设置

在使用画笔时，可以根据具体的画面需要调节不同的硬度值。

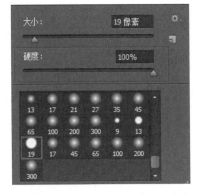 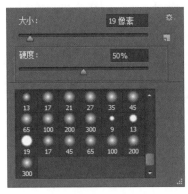 

边缘实　　　　　边缘半实半虚　　　　　边缘虚

● 上色效果

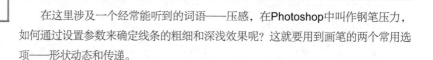

● 形状动态和传递设置

在这里涉及一个经常能听到的词语——压感，在Photoshop中叫作钢笔压力，如何通过设置参数来确定线条的粗细和深浅效果呢？这就要用到画笔的两个常用选项——形状动态和传递。

勾选"√"

选择钢笔压力

调小最小直径数值

【形状动态】决定画面中的线条所呈现出的不同粗细效果，尤其是古风人物轮廓线条变化丰富，绘制时需要勾选【形状动态】，将【控制】设为【钢笔压力】，调小最小直径数值，这样下笔越用力，线条越粗；用力越小，线条越细。

勾选"√"

选择钢笔压力

调小最小数值

【传递】决定线条所呈现出的不同颜色深浅效果，如果要使用颜色过渡、晕染等上色手法，就需要勾选【传递】，将【控制】设为【钢笔压力】，调小最小数值，这样下笔越用力，颜色越深；用力越小，颜色越浅。

线条粗细

颜色深浅

● 散布设置

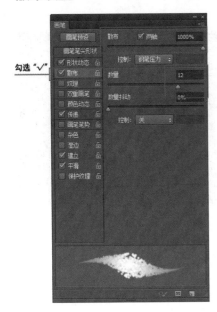

除了比较重要的【形状动态】和【传递】选项，还可以调节【散布】参数，增加画笔的肌理或颗粒效果，例如，可以设置成下图所示的类似水墨的效果。

● 纹理设置

可以勾选【纹理】选项，为绘制的笔触添加纹理图案，例如，调节相应的缩放、亮度、对比度、深度等数值，可以设置下图所示的铅笔或粉笔的效果。

1.3.4 Photoshop 画笔的制作

制作画笔也可以叫作自定义画笔，根据自己的喜好和画面需要可以制作出不同形状、不同质感的画笔，这是一个比较有趣的过程，方便绘画者表达自己的创作想法。

这里我们以制作一个花瓣的画笔为例。

[Step 01]

用套索工具画出花瓣的形状，按住【Alt】+【Delete】键填充为黑色。

[Step 02]

单击菜单栏上的【编辑】→【定义画笔预设】，在弹出的【画笔名称】对话框中输入画笔名称后单击【确定】按钮。

〔 Step 03 〕

调节画笔参数。

将进度条拖动
到最下面，最后面
的画笔就是刚自定
义的样本画笔。

●调节间距●   ●调节形状动态●   ●调节传递●   ●调节散布●

〔 Step 04 〕

存储画笔。

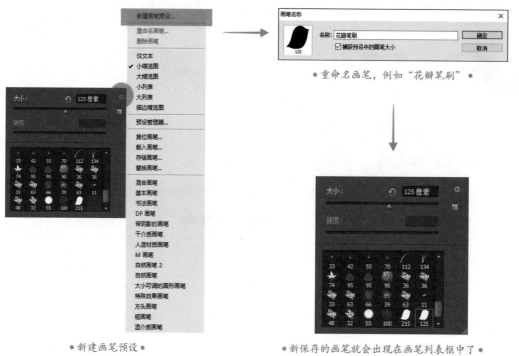

●重命名画笔，例如"花瓣笔刷"●

●新建画笔预设●   ●新保存的画笔就会出现在画笔列表框中了●

〔 Step 05 〕

制作的画笔效果如下图所示。

以上是比较简单的花瓣画笔的制作方法，其他形状（比如枫叶、银杏叶等）的画笔也可以用类似的方法制作。

1.3.5 Photoshop 常用画笔分类

Photoshop画笔类型有很多，也有不同的划分方法，按风格划分，可以分为厚涂类型、水彩类型、水墨类型等；按照功能划分，可以分为勾线类型画笔、上色类型画笔等。下面以几种常用画笔进行说明。

● 勾线类型画笔

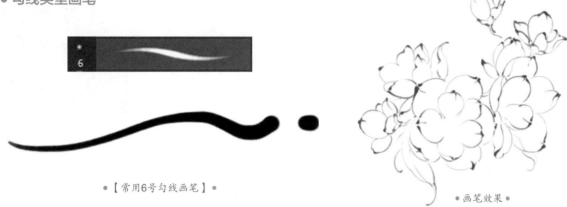

● 【常用6号勾线画笔】●

● 画笔效果 ●

这里作者运用的原始画笔是19号画笔，经过右侧的参数设置，才调节成勾线类型画笔的。

● 参数设置 ●

● 水墨类型勾线画笔

● 画笔效果 ●

这里作者运用的原始画笔是平头湿水彩笔，经过右侧的参数设置，才调节成水墨类型勾线画笔的。

● 参数设置 ●

● 上色类型画笔

　　这里作者运用的原始画笔是大涂抹炭笔 ，经过右侧的参数设置，才调成上色类型画笔 的。

● 参数设置 ●

● 水彩类型上色渲染画笔

　　这里作者运用的原始画笔是19号画笔 ，经过右侧的参数设置，才调节成水彩类型上色渲染画笔 的。

● 参数设置 ●

● 水彩类型模糊涂抹画笔

　　在使用模糊涂抹笔画之前，要把工具切换到涂抹工具模式 ，在原有颜色上进行涂抹，即可得到模糊效果。

● 模糊效果 ●

模糊

● 模糊前 ●

● 模糊后 ●

这里作者运用的原始画笔是19号画笔，根据下面所示的操作示范，即可得到模糊涂抹画笔。

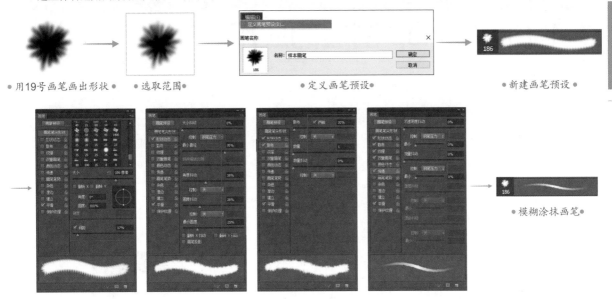

●用19号画笔画出形状● ●选取范围● ●定义画笔预设● ●新建画笔预设●

●模糊涂抹画笔●

●参数设置●

1.3.6 厚涂类画笔、水墨水彩类画笔的使用

在绘画时经常使用画笔做颜色过渡。

使用厚涂类画笔时，常用的方法就是按住【Alt】键，用吸管工具吸取两种颜色的中间色进行过渡。

吸中间色

若想得到更自然的过渡效果，可以将画笔的硬度值降低 ，这样笔触边缘会类似于喷枪效果，显得更柔和。

●反复吸取中间色，可以达到过渡效果●

使用水墨、水彩类型的画笔时，除了吸取中间色外，力度控制尤为重要，另外还有画笔和橡皮的结合使用。

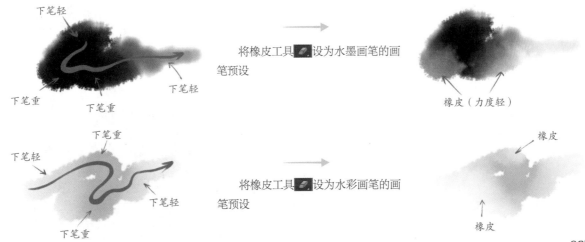

下笔轻

将橡皮工具设为水墨画笔的画笔预设

下笔轻
下笔重
下笔重

橡皮（力度轻）

下笔重
下笔轻
下笔轻

将橡皮工具设为水彩画笔的画笔预设

橡皮

下笔重

橡皮

1.4 Photoshop 图层的应用

图层是CG插画中独有的十分便捷的功能，方便作画者分层绘制插画及后期修改。

1.4.1 Photoshop 图层的简单介绍

图层是Photoshop绘图必不可少的功能之一，相当于在画布上面叠加一层一层的透明纸，将图像的各部分分别绘制在不同的图层上，无论在哪层纸上涂画，都不会影响到其他图层中的图像。

我们用右面这张Q版角色图来说明图层的原理。

这是一幅完整的图像，但实际上是一层一层绘制上去的，由不同的"透明纸"叠加而成，如下图所示。

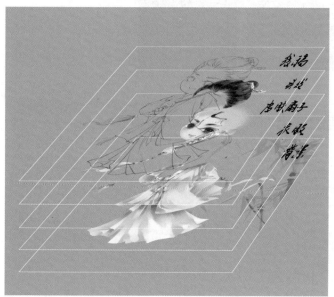

拆分以后的每部分如右图所示。

图像中的每个图层都是独立的，在移动、调整或删除某个图层时，其他图层不受任何影响。图层由上至下叠加在一起，可以起到覆盖的作用，也可以通过使用图层混合模式使图层之间相互作用，从而得到千变万化的图像合成效果。

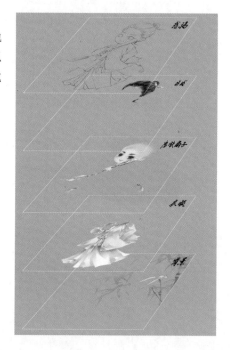

1.4.2 Photoshop 图层面板介绍

【图层】面板是对图层进行编辑操作时必不可少的工具。

【图层】面板中显示了当前图像的图层信息，从中可以调整图层叠放顺序、不透明度及混合模式等参数，几乎所有的图层操作都可以通过该面板来实现。

单击菜单栏中的【窗口】→【图层】，打开【图层】面板，常用快捷键为【F7】。

以上一小节的Q版角色图为例，它的图层面板如右图所示。

线稿图层
衣服图层
头发图层
皮肤及扇子图层
背景图层

【图层】面板各功能选项如下。

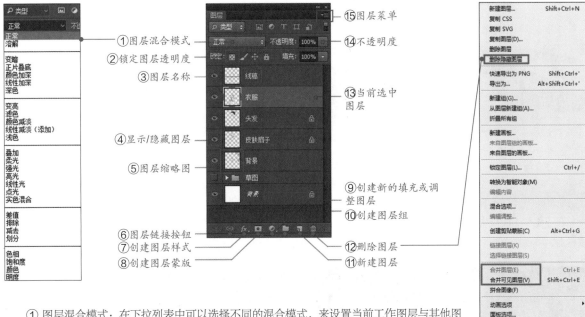

① 图层混合模式：在下拉列表中可以选择不同的混合模式，来设置当前工作图层与其他图层的混合的效果。

② 锁定图层透明度：将图层的颜色范围锁定，只在颜色范围内绘制。

③ 图层名称：双击图层名称即可重命名。

④ 显示/隐藏图层：显示"小眼睛"图标时，显示图层，再次单击"小眼睛"，则隐藏图层。

⑤ 图层缩略图：显示缩略图层，在Photoshop中灰白格子代表"透明区域"。

⑥ 图层链接按钮：选中两个或两个以上图层，再单击该按钮，可以创建图层链接。

⑦ 创建图层样式：单击该按钮，弹出快捷菜单，从中可以选择应用于当前工作图层的样式。

⑧ 创建图层蒙版：单击该按钮，可为当前图层创建一个蒙版，相当于在当前图层上覆盖一层透明纸，可在这层纸上进一步对指定图层进行操作。

⑨ 创建新的填充或调整图层：单击该按钮，弹出快捷菜单，从中选择某选项可以创建一个填充图层或调整图层。

⑩ 创建图层组：创建一个新图层组，图层与图层组的关系类似于文件与文件夹的关系。

⑪ 新建图层：创建一个新图层。

⑫ 删除图层：删除当前选中图层。

⑬ 当前选中图层：当前正在操作的图层。

⑭ 图层菜单：包含【图层】面板中的一些功能，比如"删除隐藏图层""合并图层""合并隐藏图层"等。

⑮ 不透明度：用于设置当前选中图层的不透明度。

1.4.3 **图层的使用**

1. 新建图层

单击【图层】面板下方的【新建图层】按钮，即可创建新图层。

2. 锁定图层的不透明度

单击该按钮 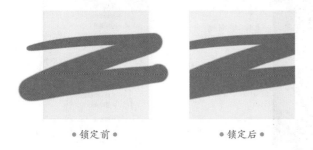，可锁定图层的颜色范围，使笔触无法画至界外。

● 锁定前 ●　　　　　　　　　● 锁定后 ●

3. 复制图层

在【图层】面板中，将选中图层拖动至"新建图层"按钮上，可复制该图层。

或者按住【Ctrl】+【Alt】快捷键，并用鼠标左键拖动画布中的图层内容，也可复制出一个新图层。

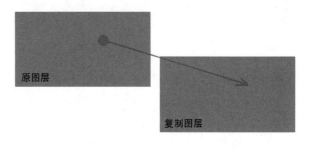

原图层

复制图层

4.选择多个图层

按住【Ctrl】键单击需要选择的图层,即可选择多个图层。

5.合并图层

这是整理图层时经常使用的图层功能,选中多个图层,按下快捷键【Ctrl】+【E】即可合并图层。

6.设置图层样式

简单来讲就是为当前选中图层增加一个效果,通过设置不同的图层样式选项,可以很容易地模拟出各种效果。

双击进入【图层样式】面板

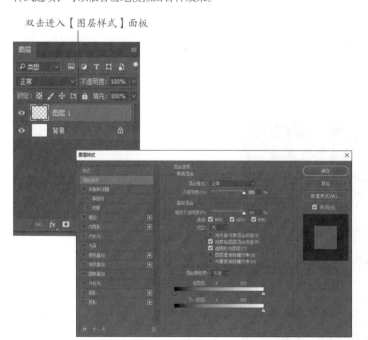

7.设置图层混合模式

选择不同的图层混合模式会呈现出不同的画面效果,在使用过程中,为了找到最佳的表现效果,我们会逐项尝试,直至得到理想的效果。

单击打开下拉列表

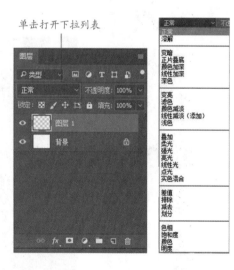

1.4.4 **图层样式和图层混合模式的使用**

1.设置图层样式

双击选中图层缩略图，即可进入图层样式混合选项（Photoshop版本不同，面板颜色也略有不同）。下面我们举例说明。

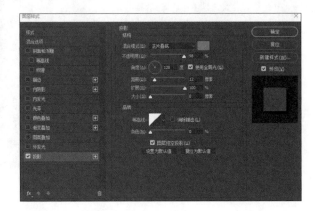

[Step 01]

左图所示是一幅CG书画作品，右图则是相应的【图层】面板，当前选中"字"图层，双击图层进入样式面板。

[Step 02]

选择"投影"选项，调整投影参数，单击【确定】按钮。

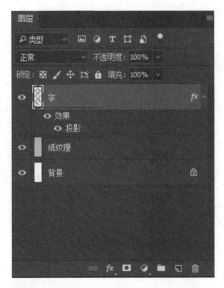

[Step 03]

此时【图层】面板中即添加了一个图层样式。

[Step 04]

图中的文字立刻呈现出投影效果。

用同样的方法添加其他图层样式，将得到下图所示的效果。

● 外发光效果 ●

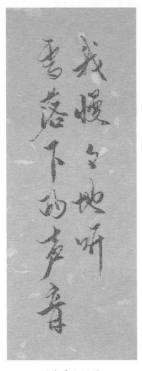

● 图案叠加效果 ●

● 渐变+投影效果 ●

● 渐变+投影+浮雕效果 ●

2.设置图层混合模式

下面将以一幅Q版角色图为例，介绍图层混合模式的使用方法。

〔 Step 01 〕

新建图层1，填充冷灰色，然后用橡皮工具擦掉中间部分。

〔 Step 02 〕

选择正片叠底模式，画面呈现出聚光的效果。

在上一案例的基础上添加其他图层模式，将得到不同的效果。

●溶解效果●

更换溶解模式以后，发现图中出现了类似纸质的肌理效果，可以将图层颜色填充成白色，表现出斑驳的纸质效果。

●线性加深效果●

●线性减淡效果●

1.5 Photoshop 画面的调整

在Photoshop绘画过程中，除了可以使用画图工具绘制各种效果外，还可以使用PS图像处理功能来调整画面，下面介绍几种常用的调整方法。

1.5.1 画面黑白关系调整

画面黑白关系调整，即画面亮度与对比度的调整。

单击菜单栏上的【图像】→【调整】→【亮度/对比度】，打开【亮度/对比度】面板。

亮度值越高，画面越明亮；对比度值越高，亮部与暗部的对比越明显，此功能通常用于提亮或加暗整体画面。

如下图所示，画面中是一个较暗的灰色调的球体。

增加亮度值与对比度值后，可得到较为明亮的画面效果。

PS中还有一个常用的调节亮度与对比度的功能，叫作【色阶】。色阶的原理与亮度/对比度原理相似，区别在于亮度/对比度只是调节画面亮部与暗部的差异值，即白与黑的对比，而色阶增加了一个中间调——"灰'，可以调节画面黑（暗）、灰（中间调）、白（亮）3种调子的对比度。

在【色阶】面板中有3个调节手柄，自左向右分别代表3个不同色阶，可根据实际需要调整画面明暗效果。

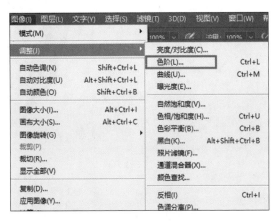
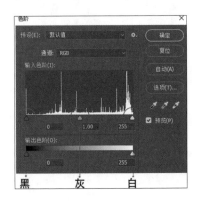

1.5.2 画面色彩关系调整 ....

除了能对画面的亮暗关系进行调节外，还可以对画面的色彩关系进行调整，常用的功能有色相/饱和度及色彩平衡。

1.调整色相/饱和度

单击菜单栏上的【图像】→【调整】→【色相/饱和度】，打开【色相/饱和度】面板。

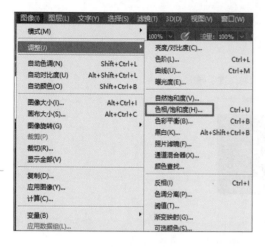 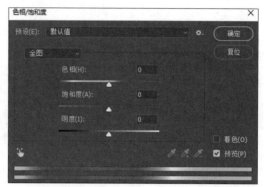

【色相/饱和度】面板中出现了3个可调整的选项数值。

●色相：色彩相貌，通俗地理解，即红、橙、黄、绿、青、蓝、紫等颜色。

●饱和度：色彩的鲜艳程度，在面板中越向右拖动调节手柄，颜色越鲜艳；反之越向左拖动调节手柄，颜色越偏"灰"。

●明度：可以简单理解为颜色的亮度，不同的颜色具有不同的明度，向右拖动调节手柄，白色越明显；向左拖动调节手柄，黑色越明显。

那具体怎么调整呢？下面举例说明，下图是一张黄绿色调的玉佩图。

[Step 01]

先分析一下，上图中玉佩的颜色偏深，那么可以先尝试调整明度。

调整后整体颜色偏"白"，没有原图的色彩鲜艳。

 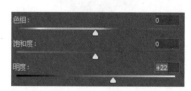 

[Step 02]

调整饱和度。

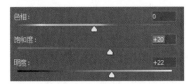

微调之后，色彩明显鲜艳许多，可以按照自己的需求，将黄绿色调的玉佩进一步调整颜色鲜艳度。

[Step 03]

更改颜色的色相属性，拖动调节手柄，选择一个喜欢的色彩效果。

调整后的效果。

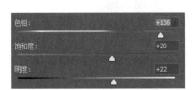

2.调整色彩平衡

色彩平衡功能也可以调整图像的色彩，以得到更好的画面效果。

单击菜单栏上的【图像】→【调整】→【色彩平衡】，打开【色彩平衡】面板。

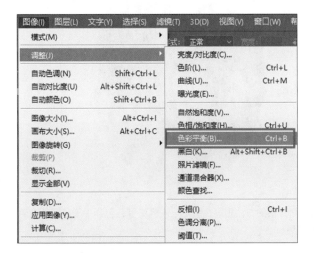

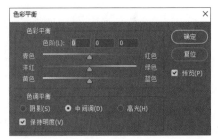

色彩平衡是一种对画面色调进行调整的功能，可大体分
为青色、洋红、黄色、红色、绿色和蓝色6种色调。

调整颜色也就是校正色调，例如，画面上需要呈现冷色调，那么可以将调节手柄拖向青蓝的冷色方向；反之，若需要呈现暖色调，则可以将调节手柄拖向红黄的暖色方向，即可达到不错的效果。

在传统手绘技法中，有一个词经常用到，叫作"冷暖对比"，冷暖颜色的对比不仅存在于两个不同的物体中，也存在于同一个物体的亮部与暗部中。假设一幅图的亮面是冷色，那么暗面呈现偏暖的颜色，这就是冷暖颜色之间的相互对比。在CG绘画中，可以通过阴影、中间调、高光3个选项来调节出亮暗部色彩的冷暖倾向。

继续用调整过色相/饱和度的玉佩图进行举例说明。

［ Step 01 ］

选择"高光"选项，即可调整玉佩的亮部
颜色。

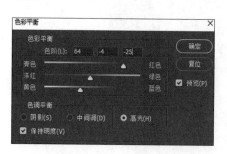

［ Step 02 ］

将调节手柄向偏红、黄等暖色方向移动，原本
蓝色调的玉佩亮部随即呈现紫色调，加强了画
面颜色的冷暖对比。

还可以继续对阴影、中间调进行设置，与上面介绍的方法相同，就不一一列举了，色彩平衡是调整画面整体颜色和细节颜色比较常用的一种功能。

1.5.3 液化功能的使用

液化是快速调整画面形状的便捷功能，常用于对照片或画面人物等进行处理，下面介绍如何使用液化功能。

[Step 01]

在PS中打开一张照片，单击菜单栏上的【滤镜】→【液化】，打开【液化】窗口。

[Step 02]

沿箭头方向拖动画笔或鼠标，即可将橘子进行变形操作，这个有些类似于手机美图软件的"瘦脸"操作。

以人物插图为例，可利用液化功能快速调整人物五官表情的特征，上面左图为人物正常表情，经过液化调整后可得到其他表情——生气、悲伤、惊讶等。

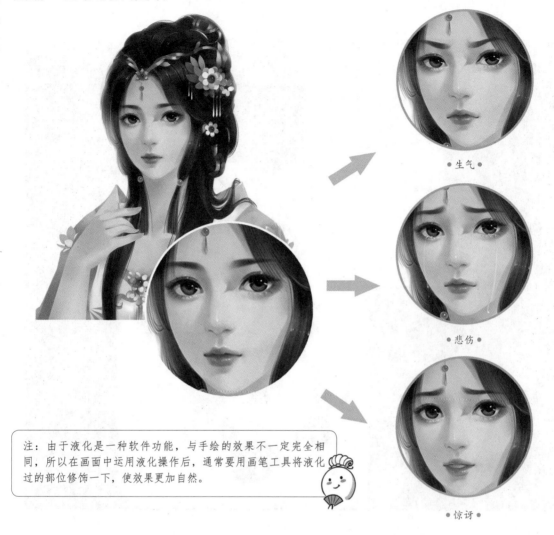

•生气•

•悲伤•

•惊讶•

注：由于液化是一种软件功能，与手绘的效果不一定完全相同，所以在画面中运用液化操作后，通常要用画笔工具将液化过的部位修饰一下，使效果更加自然。

1.5.4 自由变换功能的使用

自由变换功能是CG绘画中很重要也是经常用到的调整功能，其快捷键为【Ctrl】+【T】。

如下图所示，同时按下快捷键【Ctrl】+【T】，即可进入自由变换模式，此时图像周围会出现一个方框和9个可拖动的控制点（角控制点、边控制点、中心控制点）。

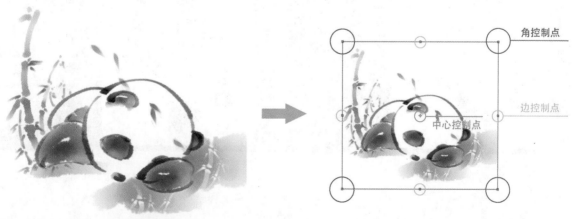

角控制点

边控制点

中心控制点

● 拖动边控制点

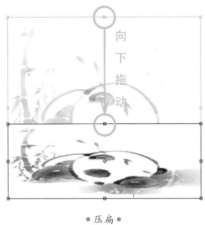

● 压扁 ●

● 拉高 ●

向上拖动

向下拖动

● 拖动角控制点

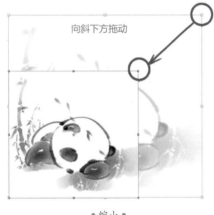

向斜下方拖动

● 缩小 ●

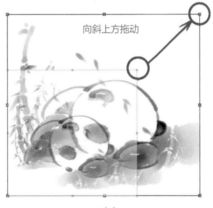

向斜上方拖动

● 放大 ●

将鼠标指针移至方框外，会出现双箭头符号，拖动鼠标即可实现旋转操作。

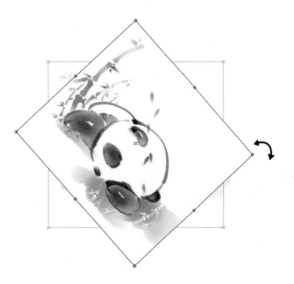

进入自由变换模式后，使用【Ctrl】、【Shift】、【Alt】键可以调整出多种变形效果。

● 使用【Ctrl】键，图像自由变化

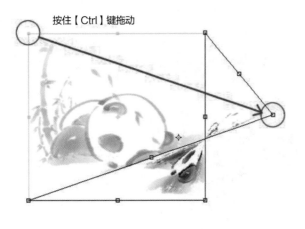

按住【Ctrl】键拖动

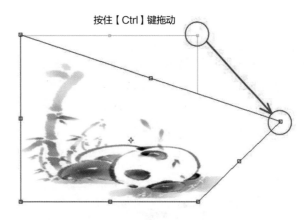

按住【Ctrl】键拖动

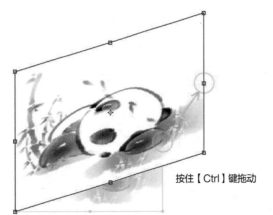

按住【Ctrl】键拖动

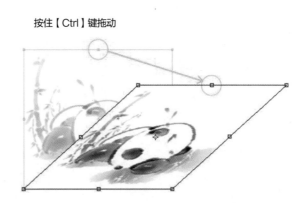

按住【Ctrl】键拖动

● 使用【Shift】键，等比例缩放图像或按指定角度旋转图像

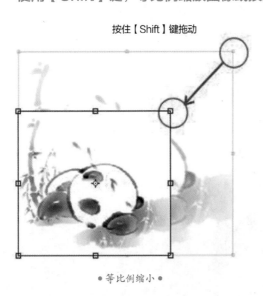

按住【Shift】键拖动

● 等比例缩小 ●

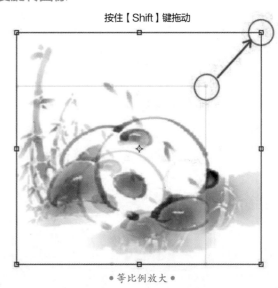

按住【Shift】键拖动

● 等比例放大 ●

按住【Shift】键旋转

● 顺时针旋转30° ●

按住【Shift】键旋转

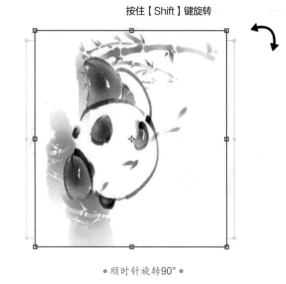

● 顺时针旋转90° ●

> 注：PS中的角度单位为15°、30°、45°、60° 等，默认角度为15°。

● **使用【Alt】键，图像以中心控制点为中心做对称变形**

　　按住【Alt】键可以使图像以中心控制点为中心进行变换，同时按住【Alt】+【Shift】组合键，可以中心控制点为中心等比例缩放图像。

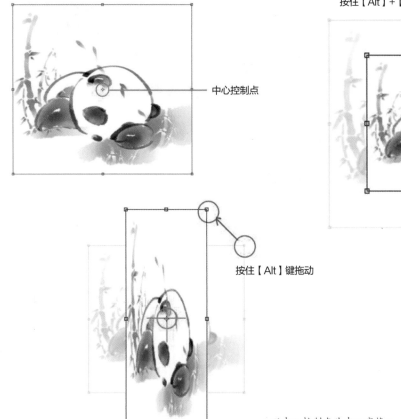

中心控制点

按住【Alt】键拖动

● 以中心控制点为中心变换 ●

按住【Alt】+【Shift】快捷键拖动

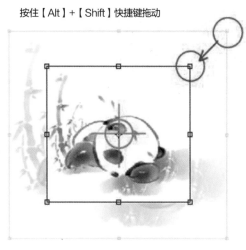

● 等比例缩小 ●

除边、角控制点外，中心控制点同样也可以拖动，这样可以改变中心控制点的位置。

拖动中心控制点　　　　　　按住【Alt】+【Shift】组合键拖动

 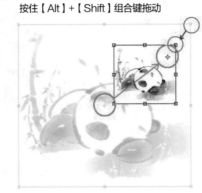

按住【Alt】键拖动

按住【Alt】

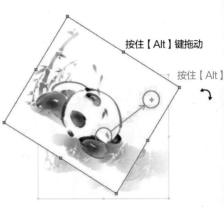

● 改变中心控制点位置后的变换及旋转操作 ●

● 利用鼠标右键选择自由变换功能

进入自由变换模式后单击鼠标右键，即可从弹出的菜单中选择自由变换功能，常用功能有变形、透视、水平翻转、垂直翻转等。

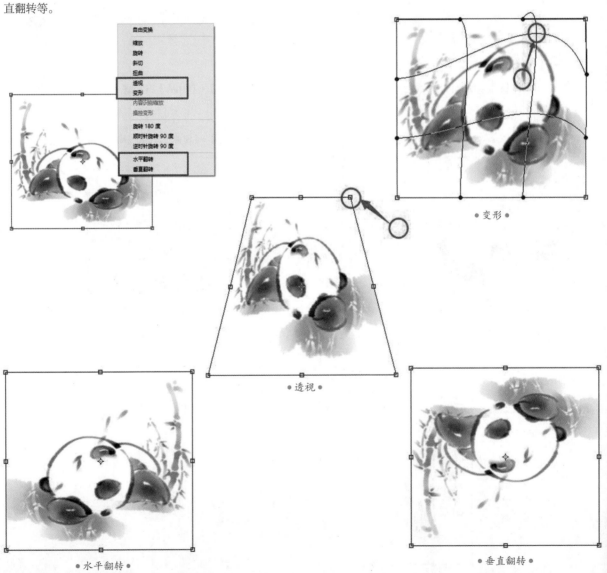

● 变形 ●

● 透视 ●

● 水平翻转 ●

● 垂直翻转 ●

第2章

CG古风插画人物的造型基础

在古风人物插画中，人物是整个画面的主体，所以只要准确画出人物造型，便是把握了古风人物插画的精髓。

2.1 古风插画的画面构图

绘画也好，写文章也好，都要有章法，绘画中的章法就是我们所说的构图，即画面布局。

2.1.1 古风插画介绍

CG是Computer Graphics（中文译为计算机图形）的缩写，是当今数字艺术时代广泛使用的词汇。CG插画又名数字插画，顾名思义，它相对于传统的插画而言具有数字性特征，有别于纸上作画形式，是以计算机、手绘板、鼠标及相关绘图软件等为作画工具的绘画形式。所以在绘画过程中，CG插画比传统绘画有了更多的方便性、创造性和可修改性。

随着CG软件的更新换代，越来越多的绘画效果可以运用到画面中，通过CG绘图软件带来的功能与优势，可以方便地模拟出中国画、水彩画等画面效果。

近几年，由于仙侠网络游戏、动漫、影视、小说等产业的兴起，"古风"一词悄然出现，而当今的CG古风插画亦是与时俱进，博采众长，在欧美风和日韩风盛行的现代，中国CG古风插画也应运而生，形成了具有中国特色的插画艺术风格。

2.1.2 构图的节奏感

如同音乐此起彼伏的和谐韵律，画面的布局构成也要保持和谐的节奏感，要有疏密聚散、曲直方圆、远近虚实等布局要素，才能呈现出优美而充满魅力的画面。

1.疏密聚散

即所绘对象有疏有密，有大有小，有聚有散。画面构图中的疏密是指各个元素点、线、面的聚合和变化，绘画中讲究的疏密大小对比是对布局平衡性的把握与调整。如果一幅作品中没有疏密关系对比，那么这幅作品的质量往往也不会太高。

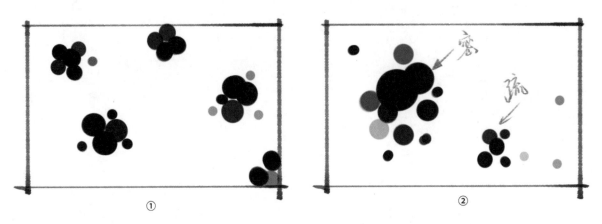

①   ②

图①中点阵均匀分布，整个画面并没有很明显的视觉中心，观者观看此图时很难将自己的视线迅速地集中在某一点上；而图②则完全不同，点阵排列有疏有密，将观者的视线迅速集中在密集位置，此处即为视觉中心，主次清晰，画面层次分明。

2.曲直方圆

即所绘对象要有曲与直、方与圆的变化，这是让画面保持和谐美感的重要的构图法则。曲是柔，直是刚，曲是圆，直是方，有曲有直，即刚柔并济，方圆互衬，画面才有变化，有丰富性。

例如，画面中竹枝的曲线与直线变化，古风圆窗的圆框与方框结合，这些都是方圆曲直的具体表现。

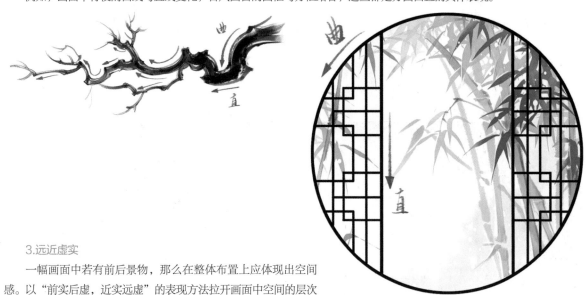

3.远近虚实

一幅画面中若有前后景物，那么在整体布置上应体现出空间感。以"前实后虚，近实远虚"的表现方法拉开画面中空间的层次关系，从而使画面层次分明。

这里的虚实关系是通过辩证对比来分析的，"虚实"不仅体现在物体边缘，也体现在前后物体的对比上。绘制的详略及颜色、深浅程度也可以体现出物体的虚实关系，例如，画面中近处树枝的明暗交界线清晰，刻画细致，颜色略深，而远处的树枝则相反，对远处树枝进行"虚化"处理；而主体人物在最前面，绘制最为详细，远处青山的笔触极少，颜色接近背景色，这种表现手法将前景人物、中景花树、远景远山的层次拉开了，画面的空间感立刻呈现出来。所以在构图时，绘画者要有远近虚实的空间概念，以便区分画面层次。

2.1.3 常用的构图形式

下面列举几种常用的构图形式。

1.三分法

也称九宫格构图法，一般情况下，是将主体放置在九宫格的黄金分割点上，这4个分割点就是突出主体的最佳位置。

视觉中心

视觉中心

2.S形曲线

S形曲线是最具有美感的线条元素。利用S形线条布局画面，会给人一种流畅、柔美、协调的感觉。

● S线围绕主体 ●

3.中央对称

以垂直中线为对称轴的对称式构图。该构图方式会将主体置于中央，以突出画面主体的表现力，将观者的视线引向画面的中心。这里的对称并不是数学意义上的完全对称，只要做到形式上基本对称即可，也可以用艺术的方法进行设计处理，让对称式构图显得生动有趣，不单调。

● 中央对称 ●

4.对角线

当画面出现对角线时，观者的视线会受对角线牵引，这样画面既可以形成纵深感、动感等视觉效果，又可以由于它的不对称、不稳定的特性，起到"留白"的效果。

一侧留白

一侧颜色偏深

5.L形构图

字母L是由垂直线与水平线连接而成的，可以将画面主体按照正L或反L形走向大致分布排列。L 形如同虚拟的半个围框，可以是正L 形，也可以是反L 形，均能把观者的注意力集中到围框以内，突出主体物。

● 人物主体与飘动的裙摆形成L形 ●

6.黄金螺旋式

斐波那契螺旋线也称"黄金螺旋"，是一种公式性质的黄金曲线。这种螺旋曲线本身就很和谐，将画面主体作为起点，沿曲线布局，这种构图通过无形的螺旋线条牢牢吸引观者的视线，以突出主体物。

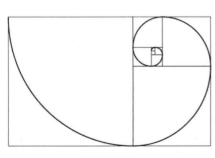

● 黄金螺旋线 ●

● 画面中想突出的人物头部在黄金螺旋线最密集之处 ●

2.2 古风插画线稿的绘制

古风插画的绘画技法分为薄涂与厚涂两种，厚涂技法以草图为基础，直接进行覆盖上色，颜色效果较"厚重"；而薄涂技法大多以更为精致的线稿为框架，在其下层进行上色，最后保留线稿。在薄涂技法中，线稿显得尤为重要，要熟练地完成线稿的勾勒。

2.2.1 古风线条的分类

古风插画中使用的线条技法源于国画的工笔线描，下面介绍比较常见的几种线条绘制方法。

1.钉头鼠尾描

其线条起笔及收尾形似钉头与鼠尾，在起笔时须顿笔，收笔时渐提渐收，适合绘制衣服、花瓣等线稿。

2.兰叶描

其线条忽粗忽细，形如兰叶，压力不均匀，运笔中时提时顿，适合于竹叶、兰叶等线稿的绘制。

3.铁线描

其线条外形状如铁丝，是一种没有粗细变化，遒劲有力的圆笔线条，适合于岩石、树枝等线稿的绘制。

4.高古游丝描

其线条形似游丝，线条虚起虚收，整个线条纤细而流畅，适合于衣褶、头发等线稿的绘制。

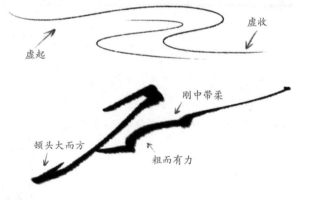

5.橛头钉描

其线条粗而有力，顿头大而方，同时刚中带柔，是一种写意笔法，适合于树枝、山石线稿的绘制。

2.2.2 板绘线条的练习

初学者在刚接触板绘时，由于还不熟悉数位板与压感笔的使用，在PS中画线时难免会出现一种"手抖"的现象，这是比较常见的问题。勤加练习后，会越来越熟练掌握线条的绘制。

各方向排线练习

在画布上反复练习绘制各个方向、各种类型的长短线条——横线、竖线、斜线、曲线等。

注：做排线练习最能训练手腕或胳膊对压感笔的控制能力，虽然过程枯燥但效果十分明显。用CG的方法绘制线条时类似于素描画线一样，都是练习对线条的熟练度，所以一定要坚持做大量练习。

2.2.3 **勾线技巧的练习**

参照古风插画的线稿练习，在最短的时间内开始做勾线训练。

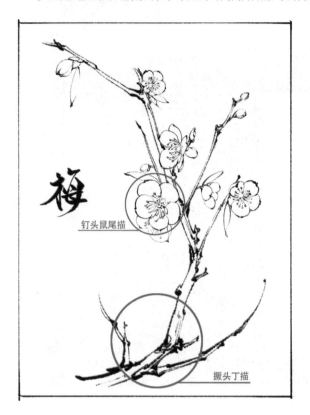

钉头鼠尾描

撅头丁描

有练过书法的读者应该了解，字帖上面常有一层透明的纸，描摹字帖时就是在透明纸上描出下面文字的笔锋顿挫，久而久之就会写一手好字，在PS中绘制线条也可以参考这种方法。

注：描线过程中一定要注意两个标准，1.线条连贯干净，没有多余的短线、碎线，2.注意线条粗细，尽量把线条粗细控制得与原线稿一样。一定要坚持长期练习，用心描摹，把用笔力度、线条感觉牢牢记在心里，否则就"白描"了。

[Step 01]

将一幅古风梅花线稿图片导入PS中，可运用【拓印法】进行练习。

[Step 02]

降低线稿图层透明度，能看清楚线稿即可。

[Step 03]

在线稿上方新建图层，描摹线稿。

2.3 色彩基础与上色方式

插画艺术在发展的过程中，逐渐形成了自身独特的色彩美学，除每个绘画者自身建立的色感之外，还有一套色彩应用上的基础理论，可以让我们更快速地认识色彩，熟悉色彩，从而进一步运用色彩。

2.3.1 色彩的基本理论

无论在自然界中，抑或在画面上，都有丰富的色彩，那么就颜色的系别而言，可分为无彩色系（即黑、白、灰）和彩色系两大类。

●无彩色系●

●彩色系●

单就有彩色系颜色而言，可分为三原色、间色和复色。

1.三原色

三原色分别是红色、黄色、蓝色。品红、柠檬黄、湖蓝，这是颜料中的3种原色，这3种原色纯正、鲜明、强烈，其他颜色都是以三原色为基础通过不同比例的混合调配出来的。

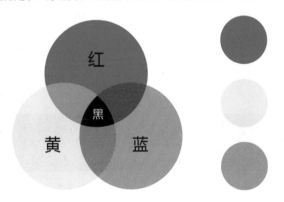

注：物理上光的三原色和颜料的三原色不同，本书讲解的是颜料的三原色。光的3种原色混合在一起为白色，而颜料的3种原色混合在一起为黑色，这个一定要区分开。

2.间色

间色亦称作"二次色"，是对色彩进行第2次调配，也就是在原色基础上将任意两种颜色结合，即通过等比例混合颜色得到的新的颜色。

这里混合而成的橙色、绿色、紫色就是间色。

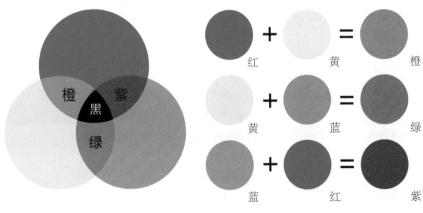

3.复色

复色又称"三次色"，是对色彩进行第3次调配，通常是原色与间色或间色与间色相混合的结果，复色包括除原色和间色之外的所有颜色。例如，在12色相环上，橙黄、橙红、黄绿、绿蓝、蓝紫、紫红都是复色，复色的色彩变化是非常丰富的。

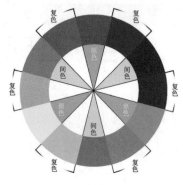

●12色相环●

2.3.2 色彩三属性

色彩的三属性分别是色相、明度、纯度。

1.色相

色相指的是色彩的相貌，比如红、橙、黄、绿、蓝、紫等为基本色相

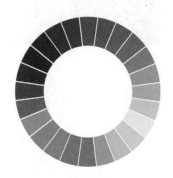

●24色相环●

2.明度

明度是指色彩的明亮程度，色彩的明度有以下两种情况。

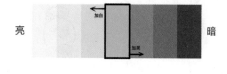

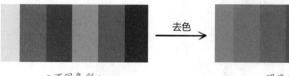

●不同色彩●   ●明度变化●

一是同一色相的不同明度，同一种色相加白色时明度高（变亮），加黑色时明度低（变暗）。

二是不同颜色的不同明度。每一种纯色都有相应的明度，例如，在色相环中，黄色的明度最高（最亮），红、绿色明度适中（居中），蓝紫色明度最低（最暗），黄、橙、红、绿、蓝、紫的明度依次减弱。

3.纯度

色彩的纯净（鲜艳）程度，又称"饱和度"，一种颜色的纯度越高，色彩就越鲜艳，如果纯度逐渐降低，那么色彩就会越来越暗淡。当一种颜色掺入黑、白或其他颜色时，纯度就会产生变化。纯度最高的色彩是原色，而最低的会变成无彩色，即不包含彩色成分的黑、白、灰色，给人灰暗、淡雅或柔和之感。纯度高的颜色，给人鲜明、突出、有力的印象，但是感觉单调刺眼，而混合的颜色太杂则容易显脏，色调灰暗，因此要适当混色。

●从左至右饱和度逐渐降低●

2.3.3 色彩的分类

1.类似色

在色相环上90°内相邻近的色称为类似色，又叫作邻近色，例如，红→红橙→橙、黄→黄绿→绿、青→青紫→紫等均为类似色。类似色由于色相的对比不强烈给人以平静、柔和的感觉，因此在配色时会经常用到。

2.互补色

在色相环中每一种颜色对面(180°角)的颜色，被称为互补色，如红与绿，蓝与橙，黄与紫互为补色。互补色并列时，会形成强烈的对比，起到互相衬托的作用，例如，将橙和蓝靠近并置在一起时，其色相、纯度显得更强烈。

3.冷暖色

色彩学上根据人的心理感受，把颜色分为暖色调（红、橙）、冷色调（绿、蓝）和中性色调（紫、黄、黑、灰、白）。在绘画与设计中，暖色调给人以亲密、温暖之感；冷色调给人以距离、凉爽之感，成分复杂的颜色要根据具体构成和视觉感受来决定冷暖倾向。另外，在空间表现上，暖色靠前，冷色退后。

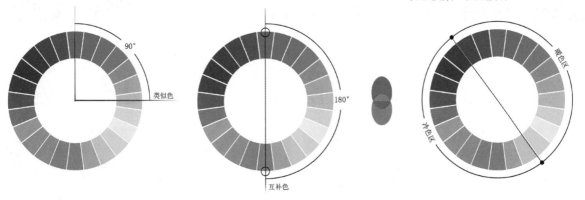

4.对比色

在某种色彩属性上能产生明显差异的颜色，叫作对比色，例如，红色与蓝色的冷暖对比、蓝色与橙色的补色对比，以及同一色相的任何高饱和度色彩与其低饱和度灰度色形成的纯度对比，都是互为衬托的对比色。对比色也十分常用，能赋予画面色彩张力。

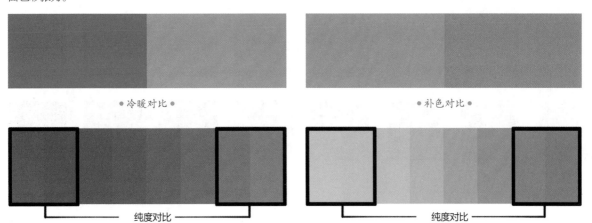

● 冷暖对比 ●　　　● 补色对比 ●

纯度对比　　　纯度对比

5.高级灰

绘画中的高级灰不是特指某种颜色，更多的是表达一种色彩关系，一些颜色经过调和或者降低饱和度后得到的柔和、稳重、不刺眼的颜色可以统称为高级灰。这些颜色属于混合而成的复色，在画面上能起到统一颜色的作用，是最常用的颜色，下面列举几个不同色系的高级灰示例（色卡右下角数字从上至下分别为R、G、B颜色数值）。

245 245 235	217 214 195	242 235 219	210 215 211	157 144 135	125 133 122	139 140 142	116 119 124
46 23 19	19 46 41	41 49 72	86 55 37	64 53 70	70 70 72	46 39 19	30 21 38
237 225 225	222 145 154	218 146 165	212 102 118	148 67 57	153 55 76	110 16 46	102 50 37
221 211 119	212 187 27	186 166 31	176 168 83	185 145 91	214 163 72	150 123 67	163 108 21
196 213 192	128 174 144	161 181 67	152 183 104	115 144 84	13 106 83	11 74 43	56 79 50
170 206 212	147 195 197	127 180 207	23 139 178	52 92 142	33 83 106	48 98 138	32 51 81
189 165 191	182 126 165	170 121 160	136 127 140	114 87 121	120 84 144	114 87 121	56 24 57

2.3.4 色彩搭配原则

    大自然中蕴藏着极其丰富的色彩，正如色盘上能通过不同比例的颜色调和出千变万化的色彩。在一幅画面中，合理搭配色彩是绘制插画时极为关键的一环。在一幅古风插画作品中，除了黑白灰之外，不要超过3种色调——主色、辅助色、点缀色，而这3种色调在画面中的比例可为7：2：1或6：3：1。

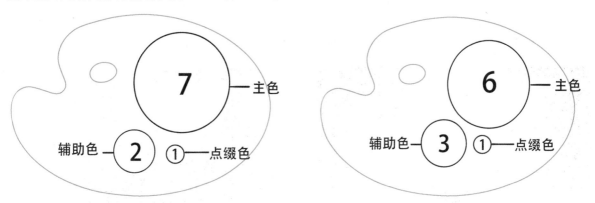

这里提到一个新名词：色调

    色调是指一幅作品色彩外观的基本倾向。在色相、明度、冷暖、纯度4个方面，某个方面色彩倾向明显，我们就称之为某种色调。一幅绘画作品虽然使用了多种颜色，但总体会有一种色彩倾向，偏蓝或偏红，偏暖或偏冷等，这种颜色上的倾向就是一幅作品的色调。

    图①为暗系冷蓝色调，而图②为亮系暖黄色调，那么以色相区分，蓝色调与黄色调分别为两幅画面的主色调。

①

②

主色、辅助色与点缀色的使用

●主色：占画面颜色比例为60%~70%，用于确定画面的主色调，给画面定一个整体"基调"，辅助色和点缀色都围绕它来进行选择与搭配，使画面色彩和谐融合在一个整体的主色调中。

●辅助色：占画面颜色比例为30%~20%，顾名思义，辅助色是为辅助和衬托主色服务的，可选用主色的类似色使画面色彩和谐统一；也可选择与主色互补的对比色，使画面色彩刺激、活泼。但此时辅助色面积一定要控制在小范围内且饱和度不要过高，画面才会和谐稳定。

图③中的辅助色为主色的类似色紫色，图④中的辅助色为主色的对比色绿色。

③

④

●点缀色：占画面颜色比例最小，不超过10%，选用较为跳脱的主色的对比色或互补色，作为色彩的点睛之笔。例如，图⑤⑥中的点缀色分别为主色蓝色与黄色的对比色红色。

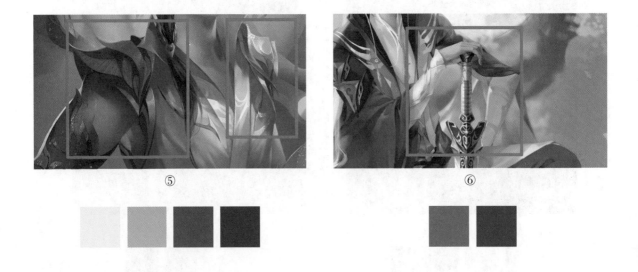

⑤

⑥

2.3.5 上色方式

在画纸上作画时，通常要利用各种画笔、小工具等上色，那么用电脑作画时，也会用到一些方法上色。

使用PS画笔工具上色时，与在画纸上绘画的步骤类似，同样涉及"平涂"与"过渡"，只不过在操作上更加便捷，且易修改，下面介绍几种常用的上色方法。

1.平涂

在上色操作中平涂最为简单，其最常用的方法是用画笔工具将同种颜色平铺，然后用橡皮工具辅助画出所需形状。

左图是用不带有传递透明度的画笔绘制出的效果，那么一旦选择带有传递功能的半透明状画笔时，要注意尽量不要重叠"半透明状"笔触。

拖动画笔，在画笔不离开数位板的情况下，尽可能一笔绘制出最大的颜色范围。由于PS画笔有传递设置功能，通过手中传递的画笔力度会使颜色发生深浅变化，这样的上色操作可以减少每一笔颜色的"重叠效果"，使颜色更加均匀。

●选择19号画笔绘制●   ●选择纹理表面水彩笔绘制●

除了画笔与橡皮工具，还有哪些工具可以更加快速地平铺颜色呢？这里涉及前面所讲到的PS工具的功能，利用平涂颜色的技法回顾一下。

例如，这是一张还未上色的线稿，下面我们将它的颜色范围快速平涂出来。

● 方法1：使用魔棒工具

若此线稿为边缘闭合线稿，即边缘无断线，线与线之
间完全闭合，那么可直接使用魔棒工具；若线稿未闭合则需
要重新闭合边缘线。

边缘闭合点

［ Step 01 ］

选择魔棒工具，将"容差"降低至10左右，勾选"对所
有图层取样"。

［ Step 02 ］

单击背景，按住【Shift】键，用鼠标左键单击蓝色箭头的镂空区域，选择所绘颜色范围以外的所有区
域，然后按快捷键【Shift】+【Ctrl】+【I】进行反选，那么所选区域即为需要绘制的颜色区域。

虚线内为选取区域

[Step 03]

选择所需颜色，按快捷键【Alt】+【Delete】填充，再按快捷键【Ctrl】+【D】取消选择，最后将未选取到的流苏细节部分用画笔工具补全，颜色平涂就完成了。

● 方法2：使用套索工具 ♀.

套索工具也是特别重要的选区工具，与魔棒工具相比不够智能化，需要手动操作选择选区，但若在平涂区域较大或线稿不闭合的情况下，套索工具会比画笔工具更加快速。

仍然以线稿图为例，用套索工具，沿红线路径绘制选区；然后按住【Alt】键减选蓝色区域，也能选出所需的平涂区域；再按【Alt】+【Delete】快捷键填充颜色。

套索轨迹

按住【Alt】键减选

平涂颜色范围是为上色作准备，单击【图层】面板上的锁定不透明度按钮 ，即可锁定颜色范围，在底色的基础上进一步细致上色。

2.过渡

过渡是指将两种不同的颜色混合，使其自然融为一体的上色方法，在插画上色中最为常用。

那么如何自然地将颜色进行过渡呢？前面讲解画笔时简单提到过，下面以两种颜色为例具体介绍一下。

由于画笔传递压感的透明度，这两种颜色在相交时，交界处会产生一小部分中间颜色过渡的情况，那么此时吸取中间的混合颜色。

● 红框内为中间的混合颜色 ●

平涂中间色

●颜色过渡完成●

〔 Step 01 〕

吸取中间色，将19号画笔的硬度值降低，在两色交界处平涂，可柔化交界处的颜色。

平涂中间色

●颜色过渡完成●

〔 Step 02 〕

此时出现新的颜色交界区域，再次重复上一步的操作，吸取中间色，反复柔化交界处，使颜色均匀过渡，融为一体。

　　以上就是平涂与过渡的上色方法，需要熟练掌握与运用，在闲暇时可以绘制一些容易上手的、自己感兴趣的小品并做上色练习，例如，临摹照片或者绘制水果小道具等。

●水果上色练习

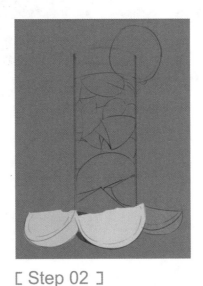

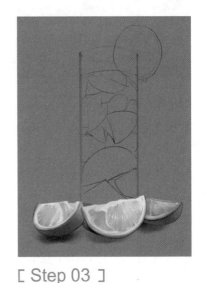

〔 Step 01 〕

使用基础画笔，如19号画笔起稿。

〔 Step 02 〕

平涂水果的颜色范围，锁定图层的不透明度。

〔 Step 03 〕

在水果图层上上色，画出柠檬内部的颗粒感，用白色绘制出柠檬的高光，表现出晶莹剔透的质感，用暗色画出柠檬的阴影。

[Step 04]

擦除柠檬的草图，重复前面的步骤，平涂杯子内柠檬的颜色范围，锁定该图层的不透明度。

[Step 05]

用白色画出杯子的高光。

[Step 06]

细化杯子内的柠檬与叶片。

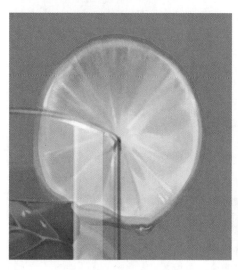

[Step 07]

为杯口的柠檬片上色，然后隐藏所有草图，该作品的上色就完成了。

2.4 古风人物头部的绘制

头部是展现古风人物魅力的最主要的部位，在绘制时需要重点刻画，将人物的五官、头发等完美地展现出来。

2.4.1 脸部的三庭五眼

初学者在画头部时往往无从下手，即使画完了也不美观，这很可能是面部五官的比例关系出了问题。下面介绍三庭五眼的比例关系，方便初学者在起稿时掌握一定的规律。三庭五眼只是一个基本的比例关系，并不是绝对的，待初学者的绘画技艺更加熟练时，可根据实际需要调整面部五官比例，绘制充满个性人物。

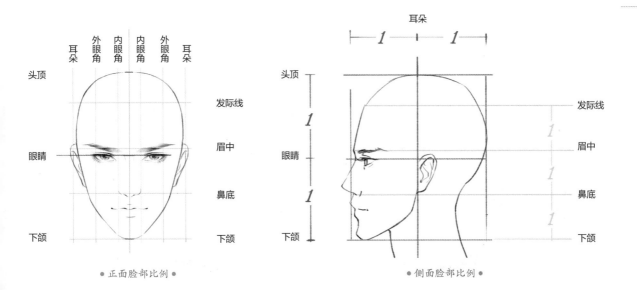

● 正面脸部比例 ●   ● 侧面脸部比例 ●

三庭五眼比例

●纵向——三庭

眼睛约在头顶与下颌的中间位置（红线区分）。
发际线到眉中的范围称作上庭，眉中到鼻底的范围称作中庭，鼻底到下颌的范围称作下庭，三庭之间的距离大致相同。

●横向——五眼

头部的宽度可大致看作5只眼睛的长度，每只眼睛的眼角间距大致与一只眼睛的长度相同，鼻子高度约为一只眼睛的长度，两侧鼻翼与内眼角对齐。

2.4.2 **不同角度头部的画法**

在画头部形状时，首先要确定人物头部的"十字线"，这是画头部或脸部时经常用到的主要辅助线。

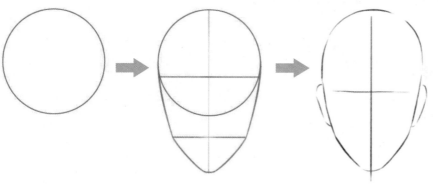

脸部中线

眼睛定位线

[Step 01]

先画出圆形。

[Step 02]

再根据圆形两端的切线画出倒梯形和倒三角形。

[Step 03]

画出脸部轮廓及耳朵形状，头部轮廓的绘制完成。

[Step 04]

红线即为人物头部"十字线"，横向线确定眼睛位置，竖向线确定脸部中线。

当人物头部发生偏转时，便会产生透视变化，从而形成各个角度下的头部造型。

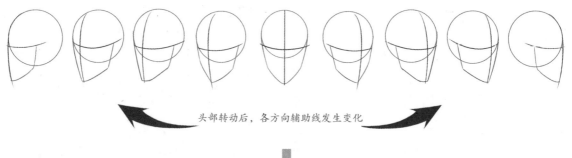

头部转动后，各方向辅助线发生变化

将头部辅助线的透明度降低，画出头部、脸部轮廓及五官的形状。

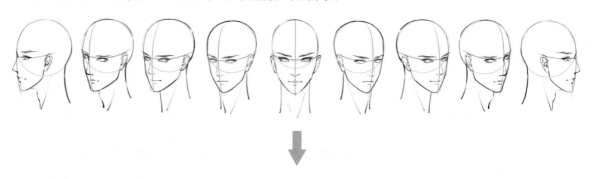

隐藏辅助线，各角度下的头部绘制完成。

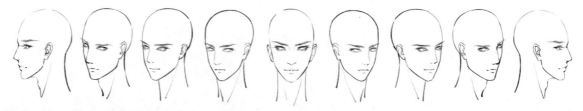

2.4.3 眼、眉的画法

眼睛整体为一个球体造型，由眼球及其眼周围组织构成，主要结构如下。

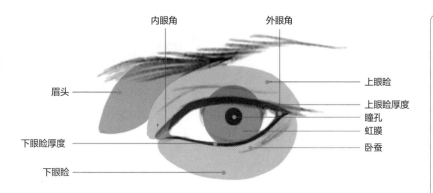

眼睛的深度取决于眼窝刻画出的深度。上眼睑与下眼睑包裹着整个眼球。

从正面平视眼睛时，眼球呈圆形（从侧面观察时呈椭圆形），通常上面一部分被上眼睑遮挡，下面一部分被下眼睑遮挡。眼球中间的小黑点部分为瞳孔，是颜色最深的位置，它周围是透光的虹膜部分，也决定了眼珠的颜色。

在绘制人物时，眼、眉通常结合在一起绘制，而眉毛是眉骨上长出的毛发，在绘制时要总结线条的排列规律，将眉毛的毛发关系及走向进行归纳和把握，再以排线的方式表现出来。

线条的走向可以分为下图所示的3种，将3种线条排列组合，即可绘制出眉毛形状。

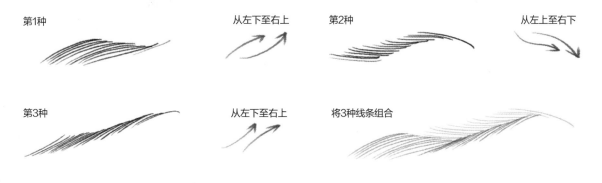

下面举例说明一下眉眼的画法。

[Step 01] 画草图。

新建【草图】图层，选择19号画笔，先确定好脸部朝向的十字线（红线），再以直线的形式概括出眼、眉部分的形状结构。男孩子的眼形是偏长的平行四边形。

[Step 02] 勾线。

在【草图】图层上方新建【线稿】图层，将【草图】图层的不透明度降低，用勾线类画笔细致勾出眼、眉的轮廓；眉毛及眼睛轮廓线可采用排线的方法绘制，避免线条太死板。

〔 Step 03 〕 加底色。

隐藏【草图】图层，在【线稿】图层下面新建【上色】图层，用柔边圆画笔平铺偏粉底液的颜色作为皮肤的底色。

〔 Step 04 〕 铺明暗。

降低【线稿】图层的不透明度，返回到【上色】图层，运用19号画笔，选择上图所示的偏暗的颜色，铺在眼窝、眼角、眼球等背光的位置。

〔 Step 05 〕 调节颜色冷暖关系。

用深色加强眼部结构，肤色是暖色，在下眼睑的部分加上少许青色，使其冷暖结合。

〔 Step 06 〕 画黑色眼珠。

强化眼线部分，用深灰色画出整个黑眼珠的底色，将中间的瞳孔部分用暗色点出（不要用纯黑色）。

〔 Step 07 〕 为眼珠添加颜色。

用亮色（纯度较高的颜色）铺在眼珠底色上面；选择减淡工具，画出虹膜里面的丝状结构。

〔 Step 08 〕 点高光。

将19号画笔调小，仔细画出上、下眼睑的睫毛，最后用纯白色在黑眼珠、眼睑、眼角处点上高光，注意高光点不要太大。

2.4.4 **鼻子的画法**

鼻子主要由鼻根、鼻梁、鼻头、鼻翼等部分构成，其结构图如下。

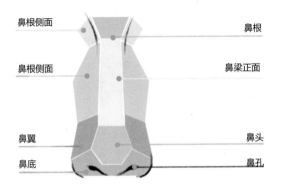

鼻根侧面　　　　　　　　　　　鼻根

鼻根侧面　　　　　　　　　　鼻梁正面

鼻翼　　　　　　　　　　　　　鼻头

鼻底　　　　　　　　　　　　　鼻孔

鼻子结构整体会呈现三大面，即一个正面和两个侧面。

鼻根是凹陷下去的部分，在上色时注意不要与鼻梁的亮度相同。

鼻头是一个球状结构，注意表现它的体积感与鼻底的衔接过渡。

下面举例说明一下鼻子的绘制步骤。

[Step 01] 画草图。

确定好鼻子的透视线（红线），然后以直线的形式概括出鼻子的形状结构。

[Step 02] 勾线。

将【草图】图层的不透明度降低，用勾线类画笔细致勾出鼻子的轮廓。

[Step 03] 加底色。

锁定【线稿】图层不透明度，填充偏深红的肤色，采用铺眼眉底色的方法，添加肤色的底色。

[Step 04] 铺明暗。

注意光源方向，鼻子是包含三个大面的结构，选用深肤色铺在眼窝、鼻梁、背光面与鼻底部分。

[Step 05] 细化。

加深鼻底部分，画出鼻孔，加强鼻子整体的明暗对比。可用深色强调明暗交界线的部分，也可运用【色阶】功能进行调节，使其明暗对比进一步加强。

[Step 06] 点高光。

鼻头部分用柔边画笔轻轻画上粉色效果，最后点上高光。

2.4.5 嘴部的画法

简单来讲，嘴部由上唇与下唇构成，上唇与下唇相连形成口裂线及嘴角，具体结构如下。

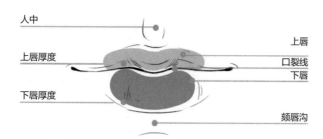

嘴部上唇和下唇一定要注意表现出厚度。

上下唇中间的口裂线是唇部颜色最深的位置，大致呈M形。

下面举例说明嘴部的绘制步骤。

[Step 01] 画草图。

以直线的形式概括出嘴部的形状，口裂线呈M形。

[Step 02] 勾线。

将【草图】图层的不透明度降低，用勾线类画笔细致勾出嘴的轮廓，暗部用排线的方式加上少量阴影。

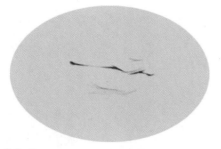

[Step 03] 加底色。

锁定【线稿】图层不透明度，填充偏深红的肤色，采用铺眼眉底色的方法，平铺肤色作为面部底色。

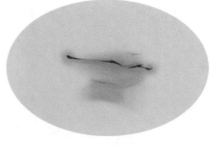

[Step 04] 铺明暗。

用与肤色接近的淡粉色铺唇色，用深肤色画下唇部下面的阴影部分。

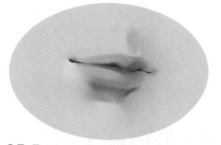

[Step 05] 加强光影。

用深粉色画出上唇和下唇的暗部，体现嘴唇的厚度，加深阴影部分，使整体光影关系进一步加强。

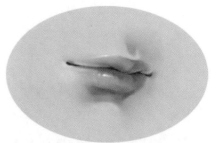

[Step 06] 点高光。

画出嘴唇上的细纹质感，点出嘴唇的高光部分。

2.4.6 耳朵的画法

在绘制头部五官时，耳朵是很容易被忽视的部位，由于长在脸部两侧，因此不容易观察，在练习耳朵画法时可搜集一些耳朵的参考图来分析结构，这样能画得更完整准确。

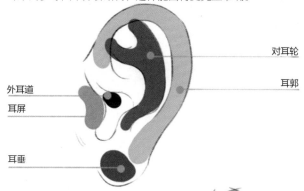

对耳轮

耳郭

外耳道

耳屏

耳垂

对耳轮呈y形。

耳郭与耳垂近似于？形状。

外耳道几乎不受光，是耳朵颜色最暗的位置。

下面举例说明耳朵的绘制步骤。

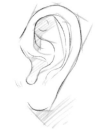

[Step 01] 画草图。

以直线的形式概括出耳朵的形状，用排线的方法简单画出阴影部分。

[Step 02] 勾线。

将【草图】图层的不透明度降低，用勾线类画笔细致勾出耳朵的轮廓。

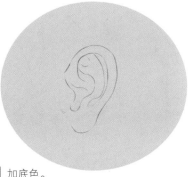

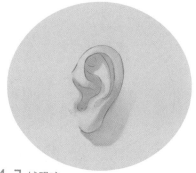

[Step 03] 加底色。

锁定【线稿】图层不透明度，填充偏深红的肤色，采用铺眼眉底色的方法，平铺肤色作为面部底色。

[Step 04] 铺明暗。

注意光源方向，用深肤色画耳朵的大部分暗面，画出耳朵下方经光线照射产生的阴影。

[Step 05] 细化。

用柔边画笔将暗部与亮部均匀过渡，并加深明暗交界线处的颜色。

[Step 06] 点高光。

用更深的皮肤颜色加强暗部细节，并点出高光部分，最后将线稿的不透明度降低。

2.5 古风人物头发的造型

人物头部除五官造型外，头发的造型与设计也是极具表现力的一部分，唯美帅气的发型有时能决定一幅作品的成败。

2.5.1 头发的分组画法

绘制头发时，要表现出头发的柔顺感，在古风插画中，无论绘制长发还是绘制短发，线条都要尽可能一笔到位，自然流畅。所以在练习的时候一定要多画长线、曲线，这样才能更加熟练准确地画出头发的走向和造型。

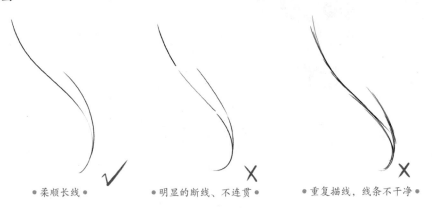

● 柔顺长线 ●　　　　● 明显的断线、不连贯 ●　　　　● 重复描线，线条不干净 ●

1.S形曲线

这是表现头发转折时最常用到的线条，如同画反转的飘带一样，画出曲线走向，那么头发的翻转趋势也自然就表达出来了。

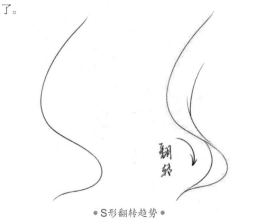

● S形翻转趋势 ●

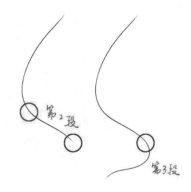

● 1次接线点与2次接线点 ●

2.Y形曲线

这是在表现发组与发组相交时常用到的线条，两条线相交部分运笔较重，形成闭合顿点，呈Y形走向。

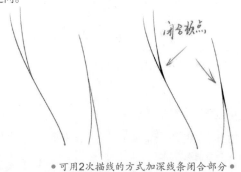

● 可用2次描线的方式加深线条闭合部分 ●

> 注：若需要绘制的曲线比较长，转折较多，可适当分段来画，但注意接线要自然，接线处不要出现明显的交叉或顿点。

3.节奏分组法

前面提到过，在插画的绘制中构图要保持节奏，注意疏密变化，而在头发的绘制中，疏密节奏规律也同样适用，且非常重要。

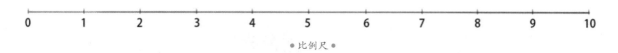

●比例尺●

这是一个带有数字刻度的等距比例尺，下面以此为标准分出4段线段，相信大家看到这个应该都不陌生，而且会十分惊讶，这不是插画教程么？怎么跳到几何课上了？

别怀疑，下面作者用组合线段的方法来帮助大家快速理解如何自然分出发组。

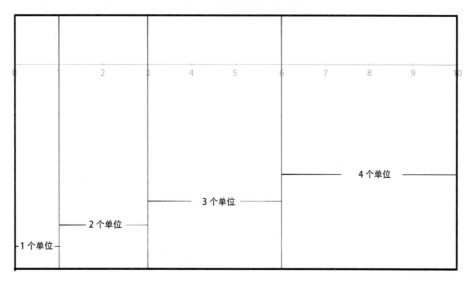

如上图的蓝线所示，这3条线将这个大长方形的宽度分别分成1、2、3、4个单位的长度。众所周知，1:2:3:4或者1:1:1:1:1等这种排列是极为规则的排列方式，但头发的分组是不规则的，所以若想画好头发，必须在分组时打破这个规则的排列规律，将数字打乱，例如，4:1:3:2、2:4:1:3等，这些都可以看作为"不规则的规则"，特别适合头发的分组排列。

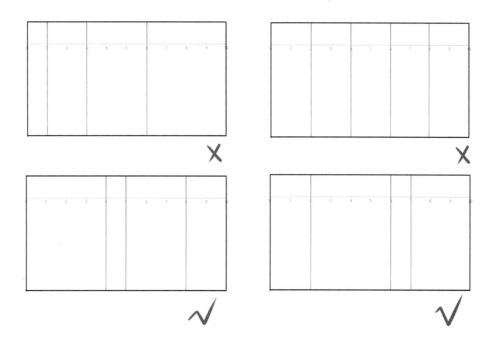

下面以节奏分组法来画出古风女子头发的刘海部分。
头发的分组方法如下。

[Step 01]

按照从整体至局部的绘画顺序，先将所有刘海看作一个整体，相当于前面的"长方形"，将整体刘海按照"不规则的规则"进行排列，例如图中的1:3:4:1:3:2，使刘海初具雏形。

[Step 02]

将区域缩小，以其中的任意一组为一个新的整体，改变比例，例如2:4:2:1。

注：前面提到的4：1：3：2等比例只是用来作举例说明，还有很多比例可以使用，帮助初学者理解头发的疏密关系，避免在分组时过于规则，画图时大致注意发组的疏密、间距即可，不需要完全按照精确尺寸来画，毕竟绘画是门艺术。

[Step 03]

继续以节奏分组法划分其余发组，这是第2次细化头发的分组。

[Step 04]

第3次细化头发的分组，古风女子的刘海绘制完成。

2.5.2 头发线稿的绘制

本小节以头像线稿为例，介绍古风女子挽髻头发线稿的绘制方法。

我们在这个头像线稿的基础上为其添加发型。

[Step 01]

新建【草图】图层，用长线条确定头发的大致范围，简单设计出挽髻的头发造型。

[Step 02]

将【草图】图层的不透明度降低。

[Step 03]

在草图基础上，用前面介绍的节奏分组法对头发整体进行分组，设计出刘海、发尾及挽髻部分的具体造型。

[Step 04]

隐藏草图，将头发作2次分组。

[Step 05]

擦除多余的线稿，将画笔调小，用稍细的线条对头发作第3次分组，用细小的发组压住头发边缘的长线条，使头发更自然，富有变化。

[Step 06]

擦除耳朵的部分线稿，调整发组造型，使刘海、发尾与挽髻这3个重点设计的发型局部更加连贯美观，要多用Y形曲线绘制。

[Step 07]

将所绘制的头发的不透明度降低至能看清即可。

[Step 08]

新建线稿的图层，选择水墨类勾线画笔，在草图基础上仔细勾勒出发型的线稿，在发髻末端画出简单装饰，古风女子挽髻造型的线稿就完成了。

2.5.3 古风女子的各种发式

在古风插画中女子发式的表现以唯美柔和为主，通常分为散发、束发与挽髻3种造型。

1.散发造型

散发又叫作披发，古代女子的散发造型大多呈长发散开状，与现代女子的直发、卷发造型类似。

● 直发 ●

● 卷发 ●

绘制直发时注意分组要自然，多用Y形长曲线展现头发的长直、柔顺感。

绘制卷发时注意头发的翻折处理，多用顺畅的S形线条展现出头发的飘逸与层次感。

2.束发造型

束发，简单理解就是用发冠或系带等头饰将头发扎起来束于头上，它可分为全束发与半束发两种。

> 注：由于女子束发造型与男子类似，所以在绘制时一定要将女子的五官表现得极具女性特征，或柔美或妖媚，否则很容易与男子的特征相混淆。

●全束发：全束发简称束发，其造型类似于现代的"马尾发"。绘制古风插画时此造型很少用在女子装束上，只在特定情境或特定人物特征的设定下才会出现，例如，展现英气、俏皮或英武的女侠、女将军等。

●半束发：半束发即为半束半披的头发造型，部分头发向后束起或挽髻配簪，类似于现代的"公主发"造型，在古风插画中经常用到。

3.挽髻造型

挽髻造型是中国古代女子将头发挽结于头顶的发式，也是绘制古风人物插画时常用的、最具古风表现力的女子发式，其分类众多，下面列举几种常见的挽髻发式。

●灵蛇髻：一种富于变化的发髻式样，因形态类似灵蛇而得名。

●惊鹄髻：一种双高发髻，因其形如鸟展开的双翼而得名。

●飞仙髻：多为双高髻，其式缩发于顶，呈飞动状，多用于仙女与未出室少女。

●双刀髻：称刀形双翻髻，是一种形状似有翻折变化的两把刀的高髻。

●双螺髻：将头发分为两大股，盘结双叠与两顶角，因形似盘于头顶的螺而得名，也称"双角"。

●垂挂髻：双挂式发髻，将发顶平分为两大股，梳结成对称的髻或环，相对垂挂于两侧，常用于丫鬟或俏皮女子。

●凌虚髻：其髻交集拧旋，悬空托在头顶上，变化极其丰富，灵活旋动，极具美感。

●垂鬟分髾髻：将发分股，结鬟于顶，自然垂下，并用发饰束结髾尾，垂于肩上，多用于未出室的少女。

●旗头：小两把头，极具满族特色的古代女子发式，多用于古风宫廷女性人物。

2.5.4 **古风男子的各种发式**

在古风插画中男子发式的表现以潇洒帅气为主，头发大多以散发和束发的造型出现。

1.散发造型

古代男子的散发造型常以长发或短发的形式表现，其中也包括直发或卷发。

●长直发●

●短发●

●长卷发●

长直发自然垂落，一侧松散，一侧披肩，有曲直变化，注意疏密关系。在绘制时注意头部左右两侧的发型与发量应尽量画出变化，用简单的线条体现出人物洒脱俊朗的气质。

绘制短发时要注重表现发组间的层次与变化，短发多用于搭配短装。古风插画中的男子的短发与现实生活中的短发造型类似，常辅以抹额等头饰进行搭配，能展现出人物帅气利落的气质。

古代男子的卷发造型与女子类似，多以S形曲线表现翻折变化，用于区分头发的层次。在古风插画中，卷发多用于异域男子，体现男子的阴柔气质。

知识扩展——无发造型

又称光头、和尚头，是在特定情境下的男子头部造型，例如，少林门派、武打小僧等。由于是无发造型，因此只需注意发际线的形状，这个形状基本固定，与"猴脸"的发际类似，而且十分重要，是所有发型的基础线。

●和尚头●

2.束发造型

　　古代男子的束发造型众多，可通过调整刘海、发尾及头发长短等元素来表现不同气质的人物，同样分为全束发与半束发。

● 全束发

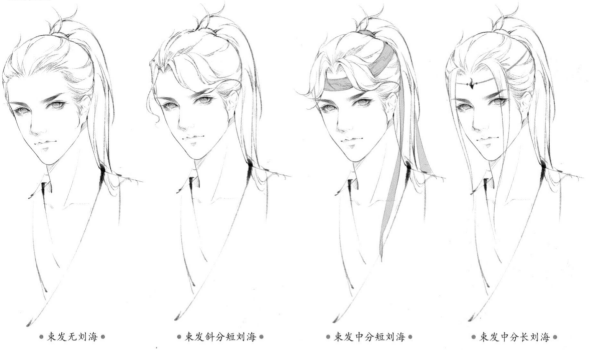

●束发无刘海●　　　　●束发斜分短刘海●　　　　●束发中分短刘海●　　　　●束发中分长刘海●

● 半束发

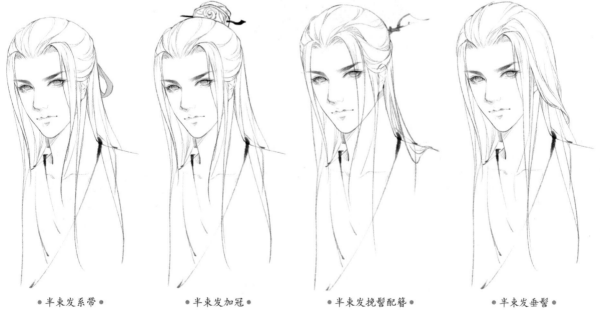

●半束发系带●　　　　●半束发加冠●　　　　●半束发挽髻配簪●　　　　●半束发垂髻●

2.5.5 **头发的上色方法**

　　绘制出头发的线稿后，就可以线为骨，在【草图】或【线稿】图层下面新建颜色图层进行上色，使用不同的画笔上色，其着色后的画面效果也各有不同，下面介绍使用两种画笔给头发上色的方法。

1.使用19号画笔上色

　　这里以灵活多变的灵蛇髻发式为例，介绍它的上色方法。

[Step 01]

新建【颜色】图层，将其置于线稿图层下面，选取红褐色作为头发的底色，用平涂上色的方法将颜色填充在头发线稿范围内。

[Step 02]

锁定【颜色】图层的不透明度，用大画笔选取浅褐色在头发的受光面画出亮部；再选取与皮肤色相近的颜色与背景白色，用较轻的力度画出头发的反光区域。

[Step 03]

发组之间通过阴影色来体现层次。将画笔缩小，根据头发线稿，用暗色细致地画出发组间较小的阴影区域。

[Step 04]

整理画面笔触，将细小发组之间的明暗关系再进一步明确；加深暗部，提亮亮部，将颜色过渡表现得更加自然，灵蛇髻发式的上色就完成了。

以上是以线稿为基础，选用19号画笔绘制出的头发效果，下面将使用水彩类画笔画出具有水彩画效果的头发。

2.使用水彩类画笔上色

以一张半厚涂古风女子头像为例，选择水彩类型的画笔——纹理表面水彩笔。

纹理表面水彩笔

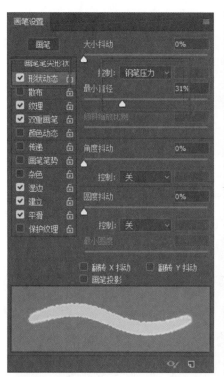 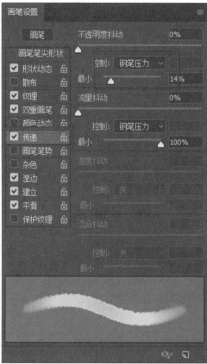

[Step 01]

新建【线稿】图层，在原有的背景、头饰、脸部基础上再增加一个图层，画出头发的样式。

[Step 02]

新建【头发上色】图层，使用画笔工具铺出头发颜色的大体明暗。先整体地来看一幅画面，绘制亮部暗部的先后顺序不固定，有人习惯先画亮部再画暗部，也有人刚好相反，这里作者一般习惯用暗色来对比出亮部，空出高光曲线部分的背景色作为亮部。

[Step 03]

用深色加深头发亮部与暗部衔接的明暗交界线处，画出发组与发组之间分界的暗色区域，突出头发的层次关系。

[Step 04]

把画笔缩小，用单线条和排线的手法画出头发亮部细节，刻画头发亮部，其边缘可以用亮色或者暗色强调一下，始终表现发组之间的层次关系。

[Step 05]

把画笔缩小，用小号画笔画出几根发丝，增加头发松散的自然度，展现刘海部分的细致刻画程度，中间可以添加少量几根亮色发丝（这都属于微小细节）。

[Step 06]

尽量集中在明暗交界线上刻画发丝细节，依旧是用较小的画笔来选取背景色，打破明暗交界线形状，其实这就是以色块的形式来分组。最后整理画面上画笔留下来较为粗糙的笔触，用极细的画笔以线条方式在发尾及头发边缘部分画上发丝效果，并用白色或亮色适量点出高光。

2.6 古风人物人体造型基础

在古风插画中，准确把握人体结构，能使人物体态优美，动作潇洒。

人体结构相对复杂，其造型繁多且变化丰富，绘制时只有从整体出发，分析和掌握其中存在的联系与规律，才能将人体造型表现得和谐优美。

2.6.1 人体结构初认识

从整体上划分，可将人体分为头颈肩、躯干、四肢几个部分，只要抓住人体的几个主要部位，分析其结构形态，就可以概括出整个人体结构。

由于骨骼与肌肉结构的复杂性，我们很难完整细致地刻画出来，因此在绘制人体草图时，通常将主要结构简化为几何图形，展现人体动态，也就是俗称的"火柴人"。

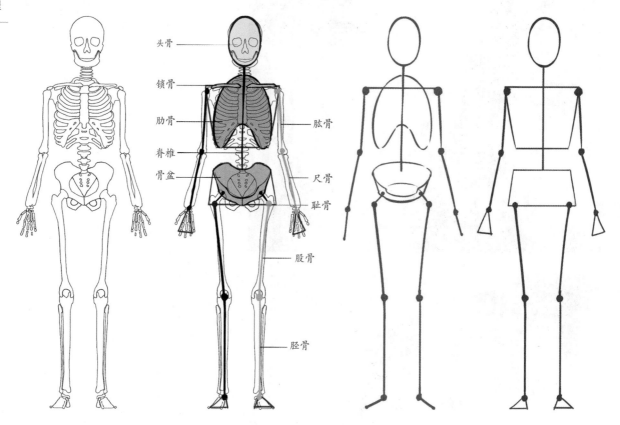

人物的四肢以折线概括，躯干部分呈倒梯形与梯形的组合，其主要内部结构包括锁骨、肋骨、骨盆，这3个部位与四肢的扭动变化就构成了人体动态。

如下图所示，绘制"火柴人"，表示人体各个主要部位。

椭圆形——头部，倒梯形——胸腔，圆形——腹部，梯形——骨盆，折线——四肢，三角形——手脚。

在确定人体的比例时，常以头长为单位，按头身比来确定高度，人物不同的身材比例能反映出不同的年龄层次。

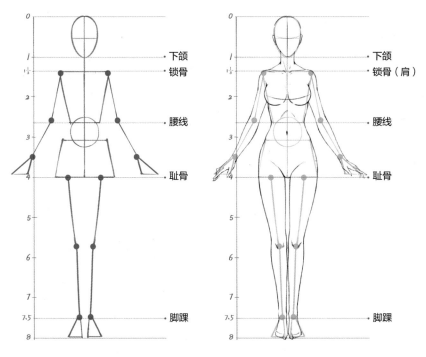

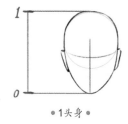

• 1头身 •

在古风插画中，通常以9头身、8头身、7头身的比例来绘制成年时期的人物；以6头身、5头身、4头身的比例绘制少年或童年时期的人物；以3头身、2头身的比例绘制幼年时期的人物，也可用于绘制Q版人物。

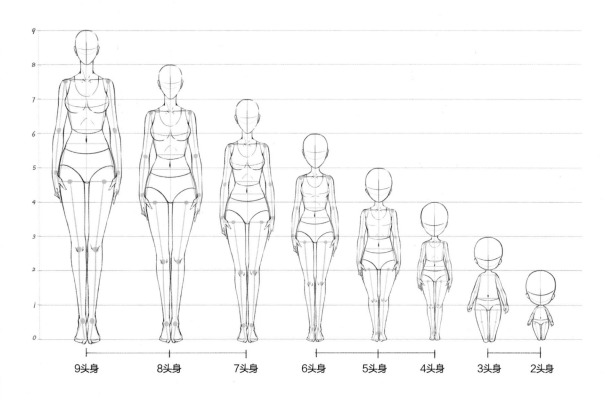

9头身　8头身　7头身　6头身　5头身　4头身　3头身　2头身

2.6.2 **男女人体比例的差异** ....

在现实生活中，男性的身材与女性的不尽相同，那么在绘制古风插画时，同样也要考虑男女人物在人体结构比例上的
差异。

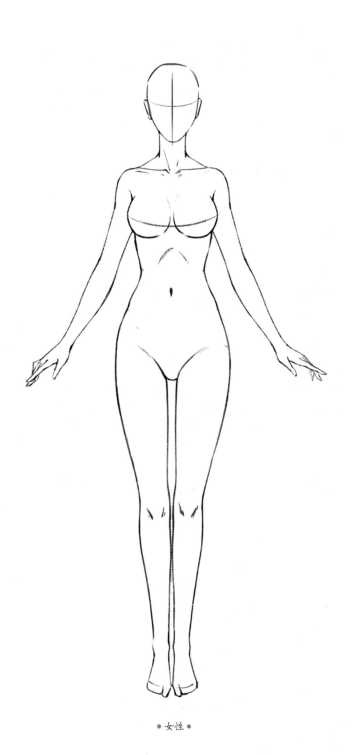

●女性●

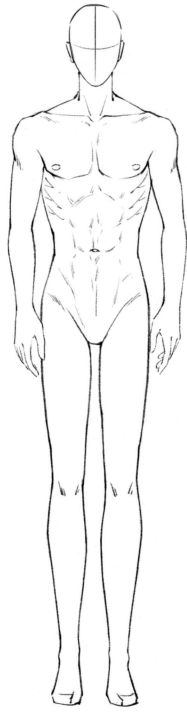

●男性●

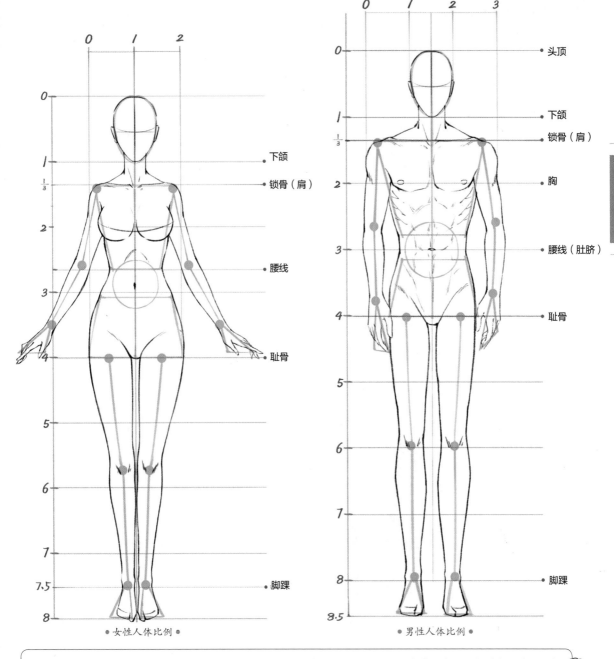

0	头顶
1	下颌
1/3	锁骨（肩）
2	胸
3	腰线（肚脐）
4	耻骨
6	
7	
8	脚踝

● 男性人体比例 ●

0	
1	下颌
1/3	锁骨（肩）
2	
腰线	
3	
4	耻骨
5	
6	
7	
7.5	脚踝
8	

● 女性人体比例 ●

> 注：以上人体比例仅作为刚开始理解人体时的一个参考，将人物比例设置在相应范围内，能相对容易地实现插画的审美需求。在绘制时，不需要死记硬背，要根据人物身高、动态、透视等因素灵活地设计人体比例。

　　古风插画中，成年女子为7~9头身，以丰腴为美，身材表现为丰臀细腰，肩宽约为2头宽，胯宽大于或等于肩宽，腰线靠上，肋骨较小，骨盆较大。

　　按照纵向比例线条来看，锁骨在下颌向下1/3线处，胸部位于2线处，腰线位于2、3线之间稍稍靠下的位置，耻骨位于4线处大臂与小臂等长，均为1~1.5头长；实际生活中大腿比小腿（膝盖至脚踝）略长，约等于膝盖至脚跟的长度，但由于古风人物以修长为美，通常会适当增加小腿长度，使大小腿大致等长，为1.5~2头长。

　　古风插画中，成年男子为8~10头身，以修长为美，男性头部比女性的略大，身材表现为宽肩窄臀，肩宽约为3头宽，胯宽小于肩宽，腰线靠下，肋骨较大，骨盆较小。

　　按照纵向比例线条来看，锁骨在下颌向下1/3线处，胸部位于2线处，腰线位于3线处，耻骨位于4线处，大臂与小臂等长，均为1.2~1.5头长；适当增加小腿长度，使大小腿大致等长，为2~2.5头长。

第 2 章

2.6.3 人体肌肉的画法

  骨骼构建人体结构，肌肉充实人体形态。唯美的古风人物身体充满无限魅力。若想将人物表现得"有肉感"，或丰腴或挺拔，除了要把握好骨骼的结构，同样也离不开肌肉的表现，有了肌肉，人体才会变得有质感。

● 人体主要肌肉参考图

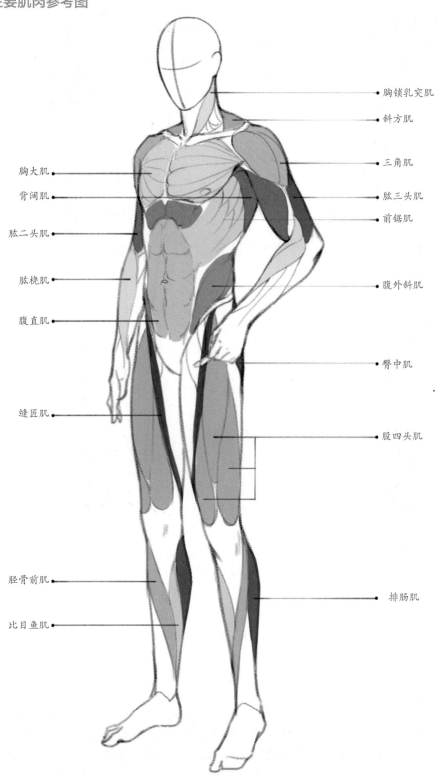

胸锁乳突肌

斜方肌

三角肌

胸大肌

背阔肌

肱三头肌

前锯肌

肱二头肌

肱桡肌

腹外斜肌

腹直肌

臀中肌

缝匠肌

股四头肌

胫骨前肌

排肠肌

比目鱼肌

真实的人体约有639块肌肉，这是听起来就何其头痛的数字，但我们在绘制插画中的人体时是不需要将所有肌肉全部表现出来的。只需记住主要肌肉在人体中的位置与大致形状，在绘制人体时，将人体的肌肉转折与躯干部分的肌肉结构表现出来，就能够自如地画出优美的人体。

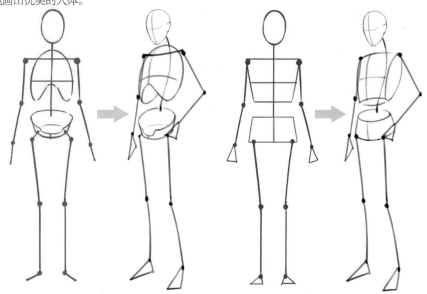

之前讲解的是正面人体在静止站立时的头身比例，一旦人物出现透视或动态造型时，之前简化的代表人体的几何图形也要随之产生透视，从平面图形转化为立体图形。图中两种"火柴人"均是由骨骼简化图转化而来，可以根据自己的理解与作画习惯自行选择即可。

若对人体肌肉的形状结构有进一步了解，可直接根据肌肉参考图绘制肌肉，若觉得依然无法入手则可参考下面的方法作画，加深理解。

下面举例说明使用圆柱体结构来绘制人体肌肉的方法。

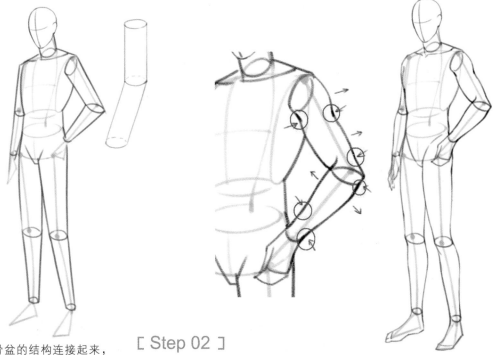

[Step 01]

用线条将胸腔与骨盆的结构连接起来，再按照折线的起始方向分别画出代表四肢与脖子的圆柱体，并用斜线将脖子与肩膀连接起来。

[Step 02]

参考肌肉分布图，在圆柱体直线处用曲线将肌肉的起伏凹凸表现出来；使线条与线条之间的转折更加圆滑，用画笔与橡皮配合修改出有起伏变化的肌肉轮廓。

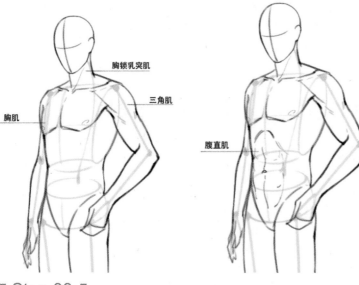

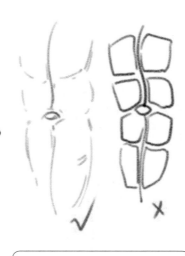

[Step 03]

擦除表示圆柱体的椭圆线条，在人体轮廓内画出躯干正面的主要肌肉结构线，表现出胸肌、三角肌与腹直肌即可，再概括地画出脖子与锁骨相连的胸锁乳突肌。

> 注：画肌肉外部轮廓及胸肌时可以将线条画得较"实"一些，但在画内部的小肌肉结构时一定要将线条画得略"虚"，多用短线、断线及排线概括肌肉关系。

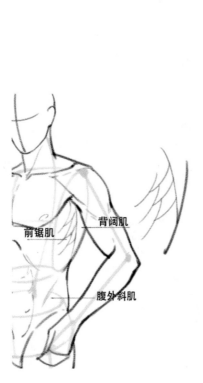

[Step 04]

画出躯干侧面的主要肌肉结构线，表现出前锯肌、腹外斜肌、背阔肌即可，隐藏"火柴人"辅助线，完成肌肉的绘制。

> 注：前锯肌为交叉形肌肉群，与背部的部分背阔肌相连，构成人体腋下肌肉群，在绘制时用交叉线条表示即可。

2.6.4 人体的常见姿势

除了关节可灵活地带动四肢活动，头部、胸部和骨盆部也是人体中可转动的3大体块。这3个体块的形状基本不变，本身都是固定的，由于颈部与腰部的扭动，导致这3个体块开始发生活动，随之带动四肢进一步产生运动，这构成了人体的姿势。

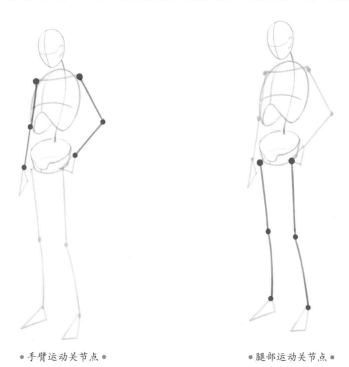

●手臂运动关节点●　　　　　　　　●腿部运动关节点●

●头部转动中心●　　　　　　　　●胸部转动中心●　　　　　　　　●骨盆部转动中心●

如上图所示，手臂与腿部以关节点为轴产生运动，而头部、胸部、骨盆部3个体块均以各自的转动中心为轴产生转动，形成静态与动态的姿势。下面介绍古风插画中常用到的人体站立、坐下、卧躺及打斗的姿势。

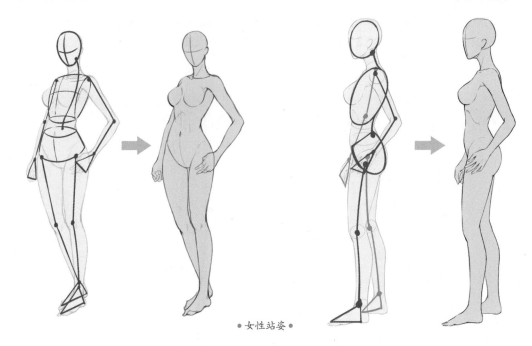

●女性站姿●

拓展

当女性人物以侧面角度出现时，常用倾斜的椭圆表示胸部，用倾斜的半个椭圆表示骨盆及臀部。

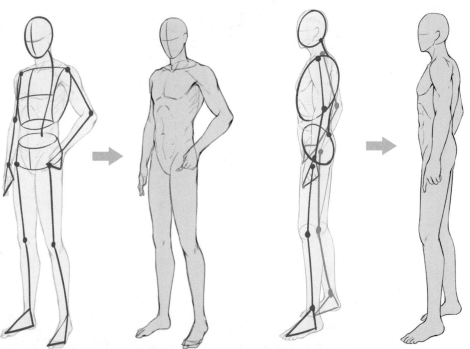

●男性站姿●

2.静态坐下的姿势

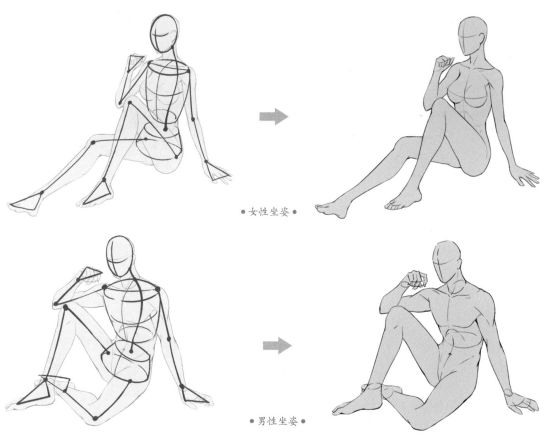

●女性坐姿●

●男性坐姿●

3.静态卧躺的姿势

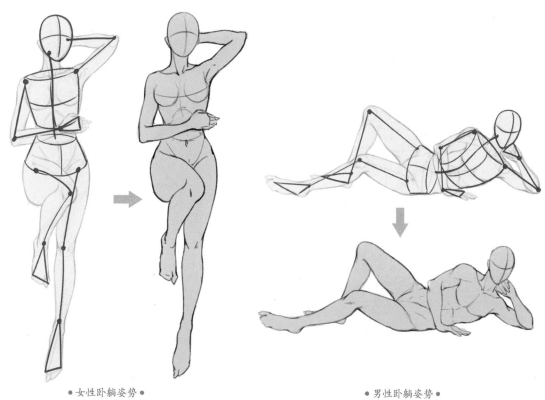

●女性卧躺姿势●

●男性卧躺姿势●

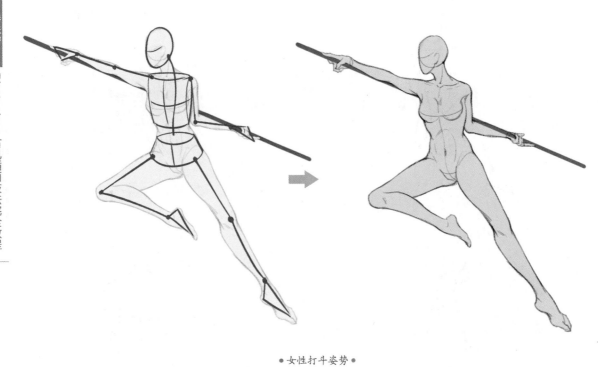

● 女性打斗姿势 ●

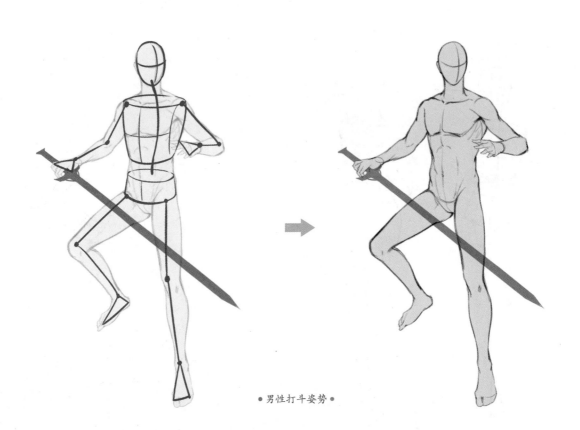

● 男性打斗姿势 ●

2.6.5 **手部的画法**

手也是人体重要的组成部分，刻画出漂亮的手部会丰富人物的造型与画面表现力。我们可以将手部理解为由1个扇形体块与5个细长的圆柱体构成，下面介绍具体的绘制方法。

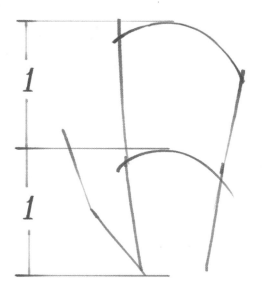

[Step 01]

简单画出手部的外形，画出手背、四指和大拇指的位置，整个手形呈扇形，四指与手背的长度比例约为1:1。

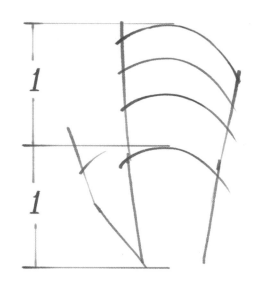

[Step 02]

将五指分节，靠近手背的指节最长，中节稍短，末节最短，长度由下至上依次递减，依旧用弧线来定位。

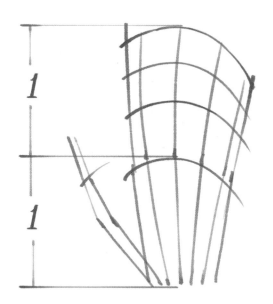

[Step 03]

以手腕为中心画出5条线，以此确定手指的位置和走向。

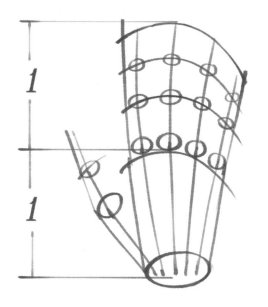

[Step 04]

在5条线与指节定位曲线的交点位置画出以手指宽窄大小为直径的椭圆，依旧是由下至上逐渐变小。

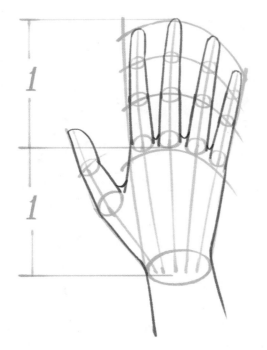

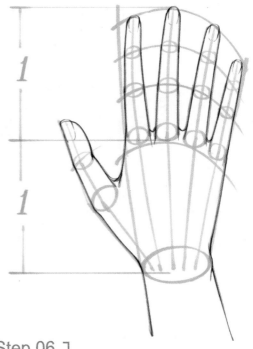

[Step 05]

将之前画的线条的不透明度降低，在上面新建图层，竖向连接椭圆，画出手指与手背形状，并画出类似小"鸭蹼"的曲线（红线），将5个手指连接起来。

[Step 06]

再次将所有线条的不透明度降低，重新细致勾画出手部轮廓线，并画出指甲的形状。

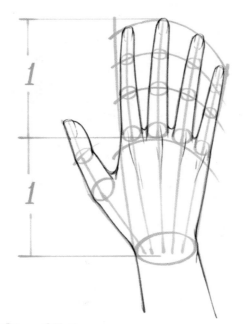

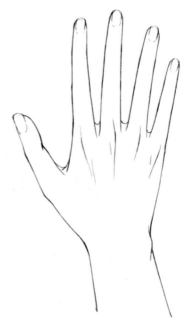

[Step 07]

画出手背与手指连接处的骨节突起结构。

[Step 08]

隐藏或删除辅助线，手部的线稿绘制完成。

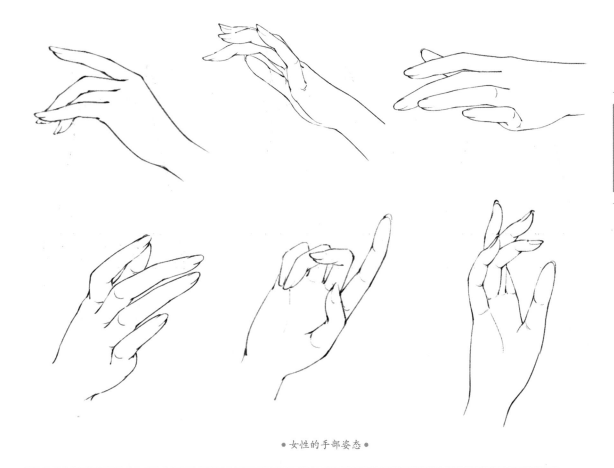

● 女性的手部姿态 ●

拓展

古风女性手掌较小，手指纤细柔软，指腹圆润，指节较小，姿势柔美，用线要平滑细腻，表现女子手部特点；男性手掌宽大，手指较为粗壮、修长，指腹扁平，指节明显，姿势帅气，多用硬朗的线条表现男子手部特点。

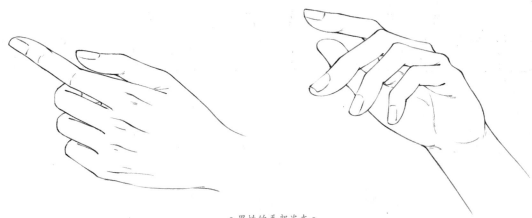

● 男性的手部姿态 ●

2.6.6 **脚部的画法**

仍然用几何体的方法，将脚部理解为由1个梯形体块与5个圆柱体组合而成的，下面介绍具体的绘制方法。

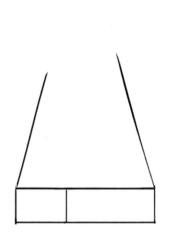 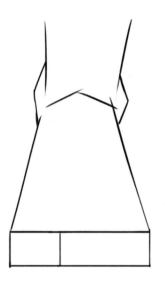 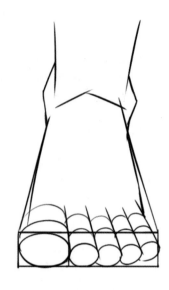

[Step 01]

用直线简单概括出脚部的外形，分出脚背与脚趾，整个脚背呈梯形，脚趾在长方形范围内。

[Step 02]

画出腿部及脚踝形状，内侧的脚踝点高而外侧的脚踝点低，即左高右低。

[Step 03]

在脚趾长方形范围的基础上画5个椭圆形，作为5个圆柱体的横截面，接着画出圆柱体，与脚掌相连。

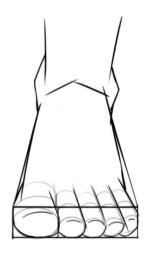   

[Step 04]

将圆柱体辅助线隐藏，按照圆柱的透视在圆柱体末端画出5条曲线，作为指甲的曲线。

[Step 05]

将第1步与第3步画的辅助线隐藏，修改圆柱体边缘，用短小的断曲线画出指节；用带有起伏的线条画出脚趾的轮廓，表现脚趾的"肉感"。

[Step 06]

使用较轻的力度、较淡的笔触，在脚背上画长直线与曲线，表示"脚筋"。

[Step 07]

在指甲曲线的基础上补画出指甲形状，脚部的线稿绘制完成。

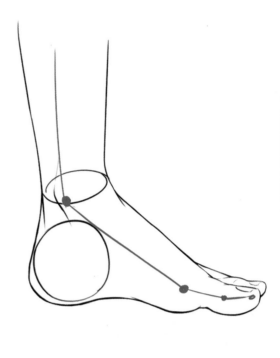

第2章

拓展

在人体姿势发生变化时，有时脚部也会产生相应的变化，其中脚掌处最为明显，比如弓起脚背，可在脚部画出一条延伸至脚趾的斜线，根据斜线的曲直来确定脚掌的"弓形"程度。

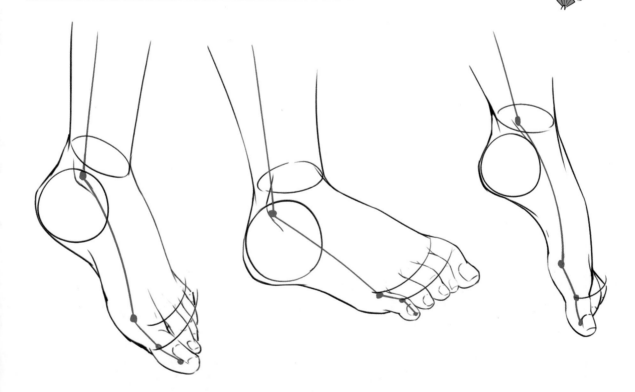

CG古风插画服饰的造型设计

在古风插画中，服饰是体现古风韵味的重要元素，中国古代服饰在世界服饰史上自成一体，具有浓厚的传统韵味及古典气质。本章通过对古代传统服饰的介绍并结合插画审美情趣来设计古风服装及配饰造型。

3.1 古风服装的基础知识

　　古风在这里可以理解成古代风范、风格，近些年来，在古风插图中，古风服饰是其中一个重要的表现元素，衣冠楚楚、衣袂翩翩、霓裳羽衣等词语均包含了对古人衣着秀美的赞叹，而极具代表性的古风服饰便是汉服。

　　汉服，全称是"汉民族传统服饰"，又称汉衣冠、汉装、华服，其衣服款式十分丰富，服饰形制可分为"深衣"制、"上衣下裳"制、"襦裙"制等。

● 汉代皇帝冕服图① ●

3.1.1 **交领右衽**

　　领、衽均指衣襟；交领，指衣服前襟左右相交；右衽，指左前襟掩向右腋系带，将右襟掩覆于内，称交领右衽。

　　如下图所示，衣领以y形呈现，古代也有阴阳区分，阳在上阴在下，即左领压右领，为右衽，反之称左衽。

①秦汉服饰，汉代皇帝冕服图、冕冠图、赤舄图（参考文字记载及山东济南汉墓出土陶俑、沂南汉墓出土画像石复原绘制）。本图根据文献记载及图案资料复原绘制，服装上的纹样大多采用同时期的砖画、漆画、帛画及画像砖等。冕冠，是古代帝王臣僚参加祭祀典礼时所戴礼冠，冕冠的顶部，有一块前圆后方的长方形冕板，冕板前后各垂有"冕旒"。

3.1.2 **衣领款式分类**

　　交领右衽是汉服最具代表性，也是古风插画中经常用到的衣襟领口款式。除此之外，还有对襟、直领、方领、圆领、立领等款式。

●交领右衽●　　　　　　　　　　　　　●直领●

●立领右衽●　　　　　　　　　　　　　●立领对襟●

●方领●　　　　　　　　　　　　　●圆领●

3.1.3 **衣袖款式分类**

　　古代服饰的衣袖有长宽及形状的区别，可分为广袖、窄袖、短袖、直袖、琵琶袖等，其中窄袖又叫作"箭袖"，短袖又称为"半臂"。

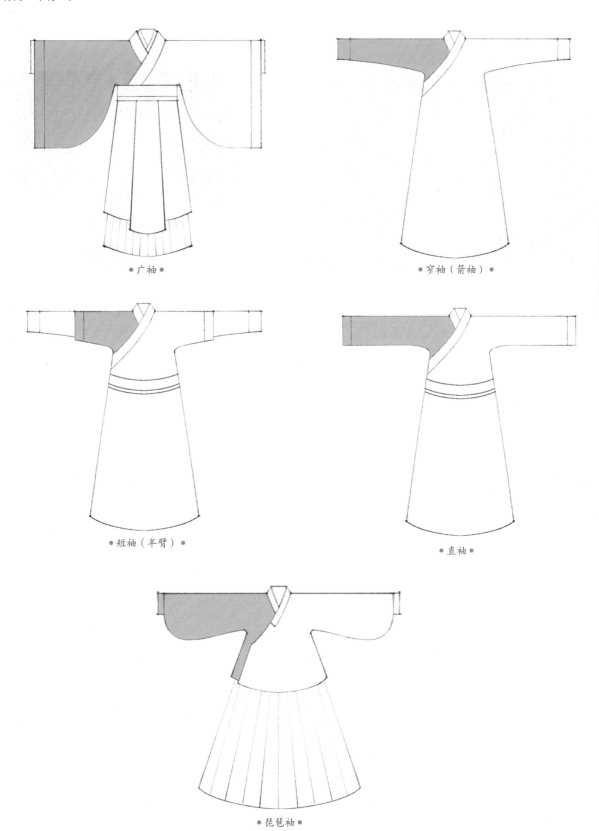

●广袖●

●窄袖（箭袖）●

●短袖（半臂）●

●直袖●

●琵琶袖●

3.1.4 "上衣下裳"制

衣，即上衣；裳，指衣裙。

　　"上衣下裳"制是分体式着装的形制，上衣和下裳分开，上穿衣下穿裳，这是中国较早的服装形制之一，也是汉服体系的重要款式。

　　在晋代顾恺之的画作《洛神赋图》中，展现了多种"上衣下裳"制的服装，例如，局部图中男子上身穿衣（大袖衫），下身穿裳（裙），便体现了这一特点。

•《洛神赋图（局部）》•

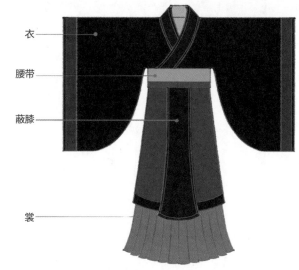

衣

腰带

蔽膝

裳

　　而前面提到的冕服图也是"上衣下裳"的形制，冕服、朝服是帝王百官出席隆重仪式时穿的礼服。

　　下面两套服装也均为"上衣下裳"制汉服。

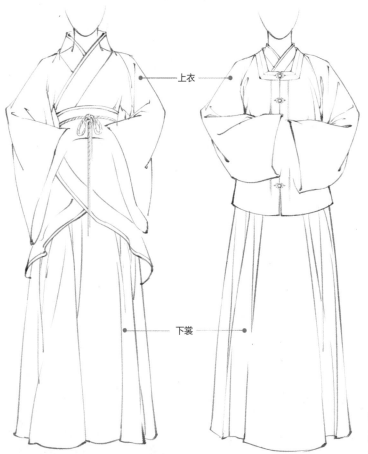

上衣

下裳

　　"上衣下裳"只是一种服装形制，并非单指某款服饰，其涵盖的款式丰富多样，它的发展迅速，影响深远，直到现在我们还时常把各种衣着统称为衣裳。

3.1.5 "深衣" 制

深衣含有被体深邃之意，故而得名，与"上衣下裳"制不同，深衣是上衣与下裳连为一体的长衣，通常是交领右衽，下摆不开衩，分为"直裾"与"曲裾"两种下摆样式。

曲裾深衣和直裾深衣流行于不同的年代，从春秋战国到秦汉时期，一直流行曲裾深衣。特别是到了汉代，深衣已成为女性的礼服，秦汉时期，男子一般着袍服，袍服由深衣变化而来，同样有曲裾袍和直裾袍；深衣发展至唐代，还与其他形制的服装共同作为朝服和礼服使用，在汉民族服装发展历史上的地位十分重要。

1.直裾深衣

"裾"，指衣服的前后襟，根据不同衣襟形式，分为曲、直两种，深衣襟裾垂直而下，故称为直裾深衣。

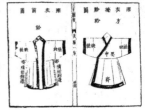

●直裾深衣②●

2.曲裾深衣

这种服装的襟裾围着身形弯曲盘绕，最后系于腰部，线条优美，层次丰富，称为曲裾深衣。

●曲裾女俑④●　　●曲裾男俑⑤●

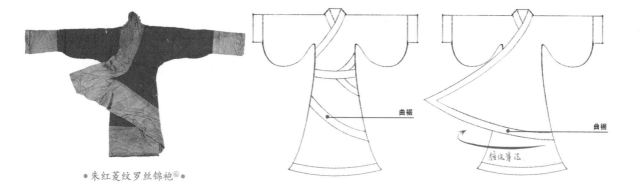

●朱红菱纹罗丝锦袍⑥●　　曲裾　　　　曲裾

---

②出自明人王圻、王思义父子二人纂集《三才图会》。

③素纱单衣：辛追墓出土，右衽、直裾（jū，衣服的前襟），重49克，是迄今所见最早、最薄、最轻的服装珍品，是西汉时期纺织技术巅峰之作。汉代人描述其薄如蝉翼、轻若云雾。多数学者认为它可能穿在锦绣衣服的外面，既可增添其华丽，又可产生朦胧美感；也有学者认为其当时是作为内衣穿着时。现展于湖南省博物馆长沙马王堆汉墓陈列。

④⑤身着曲裾的彩绘女俑与男俑（湖南省长沙马王堆汉墓出土）。

⑥朱红菱纹罗丝绵袍：辛追墓出土。交领、右衽、曲裾，朱红菱纹罗面料，素绢里、缘，内絮丝绵，其款式类似古代"深衣"，在西汉早期贵族妇女中广为流行。现展于湖南省博物馆长沙马王堆汉墓陈列。

3.1.6 襦裙

襦裙其实是"上衣下裳"制服饰经不断演变后出现的一种服装款式。上衣叫作"襦",长度较短,一般长不过膝;下身则叫"裙",可见,"襦裙"其实是两种衣物的合称。襦裙出现在战国时期,兴起于魏晋南北朝。

● 襦裙女俑[7] ●

●《韩熙载夜宴图(局部)》中描绘的南唐时期襦裙●

●《捣练图(局部)》中描绘的唐代时期襦裙●

按领子的样式来分,可将襦裙分为交领襦裙和直领襦裙。

按裙腰高低来分,可将襦裙分为齐腰襦裙、齐胸襦裙、高腰襦裙等。

齐胸襦裙裙子系带于胸部以上锁骨以下,齐腰襦裙系带于腰间;而高腰襦裙则系带于胸部以下腰部以上,大致在肋骨位置。

直领

系带

上衣(襦)

下裳(裙)

● 女子齐胸襦裙 ●

[7]身着襦裙的三彩女立俑,1959年陕西省西安市中堡村出土。

内搭配抹胸

●女子直领高腰襦裙1●   ●女子直领高腰襦裙2●   ●女子交领高腰襦裙3●

古代男女皆可穿襦裙，女子襦裙内可以搭配抹胸，与女子襦裙相比，男子襦裙在样式、花纹上更为质朴一些，且男子多为交领齐腰襦裙。

褙子

无论男女，襦裙外均可搭配外衣，古时称为"褙子"。

3.2 古风服装的其他元素设计

　　掌握了古代服装的基本特点及样式分类，下面将整套服装分解，分别介绍领口、衣袖、下摆、腰带等各部分的造型设计与搭配。

3.2.1 衣领

　　在古风插画中，衣领按衣襟交叠方式来分可分为交领右衽及对襟直领，按领口形状来分可分为直领、方领、圆领、立领，古代少数民族服装（如胡服）中的翻领也常被运用到设计中。下面以人体造型为框架，介绍不同衣领样式的衣服穿在人物身上的造型及多种衣领搭配在一起的效果。

●交领右衽●

●对襟直领●

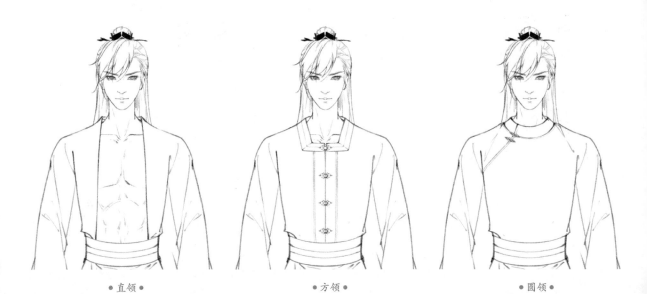

●直领●　　　　　　　　　　●方领●　　　　　　　　　　●圆领●

●立领●   ●翻领●

多层服装的衣领搭配在一起。
通过不同样式的里衣、中衣、外衣相互搭配,可呈现出不同的衣领组合效果。

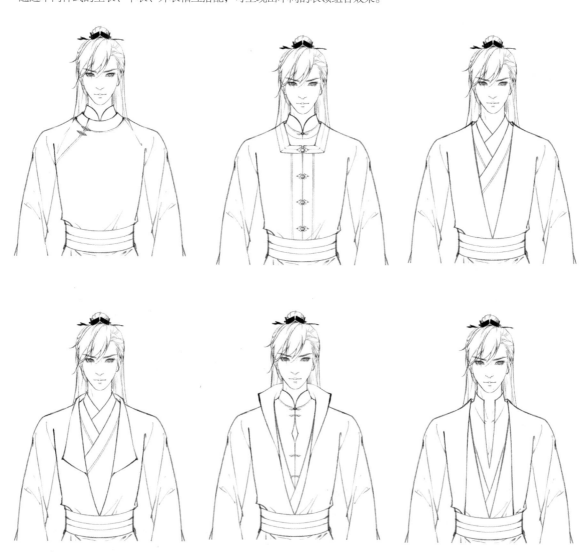

3.2.2 **衣袖**

　　本小节以古代服饰的衣袖样式为参考，绘制出长度、宽度及形态不同的直袖、广袖、琵琶袖、半臂、无袖等上衣款式，其中半臂与无袖款式通常作为中衣或外衣搭配。

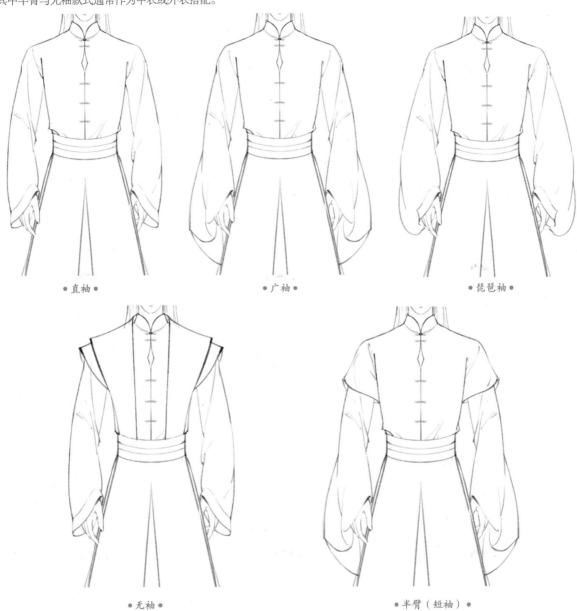

●直袖●　　　　　　　　　　●广袖●　　　　　　　　　　●琵琶袖●

●无袖●　　　　　　　　　　　●半臂（短袖）●

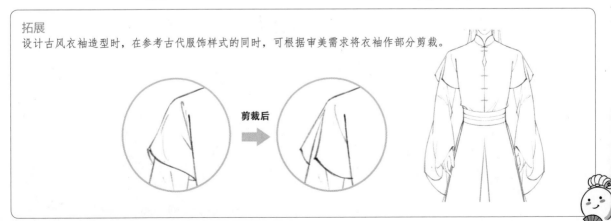

拓展

设计古风衣袖造型时，在参考古代服饰样式的同时，可根据审美需求将衣袖作部分剪裁。

剪裁后

3.2.3 衣摆

    古风服饰里衣的下半部分通常为裤装与裙装，而穿于里衣外面的中衣、外衣等服装的衣摆多为裙装样式，设计衣摆时可以灵活地安排开衩位置，在形态上衣摆可分为对称式衣摆和非对称式衣摆。

    里衣下半部分的样式。

●裤装●

●裙装●

●对称式衣摆●

●非对称式衣摆●

3.2.4 **腰带**

古风服装中的腰带不仅有束衣的作用，也是饰品设计的重要部分，根据外形来分可将腰带分为系带式、腰封式、交叉式及对称式腰带造型。

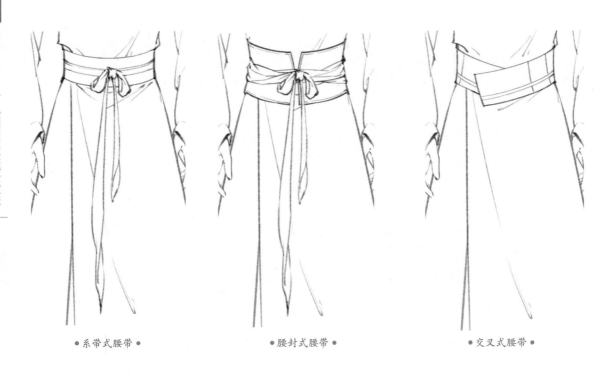

●系带式腰带●　　　　　　●腰封式腰带●　　　　　　●交叉式腰带●

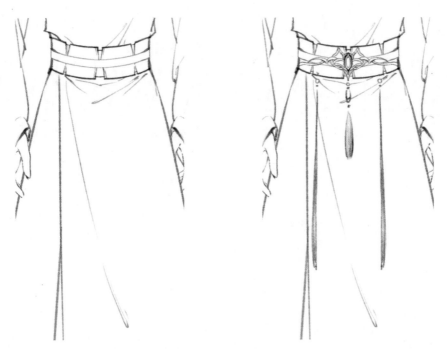

●对称式腰带●

3.2.5 古风服装的整体搭配

结合前4小节内容，本小节将古风衣领、衣袖、衣摆及腰带部分组合搭配，为人物设计出里衣、中衣、外衣等服装造型，搭配出相对完整的古风人物。下面列举其中的几种设计方案。

1.里衣、中衣搭配

●交领式里衣
交领直袖式中衣●

●立领式里衣
方领琵琶袖式中衣●

●立领式里衣
圆领广袖式中衣●

2.里衣、中衣、外衣搭配

●交领式里衣
交领式中衣
翻领广袖式外衣●

●立领式里衣
交领广袖中衣
立领式半臂式外衣●

● 立领式里衣
圆领式一层中衣
交领式二层中衣
直领式广袖外衣 ●

● 立领式里衣
交领式一层中衣
交领式二层中衣
直领式广袖外衣 ●

● 立领式里衣
方领式一层中衣
交领广袖式二层中衣
交领无袖式三层中衣
直领无袖式外衣 ●

● 交领式里衣
交领式一层中衣
直领式广袖二层中衣
直领式无袖三层中衣
直领式无袖式外衣 ●

3.3 服装中褶皱的画法

古风服装是由布料裁剪缝制而成的，布料本身具有一定的柔软性，会由于拉力、风力等因素形成褶皱，褶皱也是绘制服装时不可或缺的元素。

3.3.1 褶皱的分类

按照受力因素及形态来区分，可将褶皱分为**3**种类型：重力型、拉力型及人造型。

1.重力型褶皱

也称垂落型褶皱，主要是因为布料受到重力影响后自然下垂产生的，褶皱有向下方垂落的趋势。

重力型褶皱在衣服完全静止不动时会呈现垂直向下的状态。在插画中，有时为了使人物飘逸一些，往往在画面中会表现出或大或小的风的效果，通常下摆部分受重力的影响较大。

地心引力

2.拉力型褶皱

顾名思义，是指布料受到拉扯，使其紧绷所产生的褶皱，褶皱交错连接两个受力点。

这种褶皱常见于肩膀、手肘、手腕、膝盖等关节处。

3.人造型褶皱

是指制作服装时人为裁剪缝制出的褶皱，或作者在绘制插画时，为丰富细节和层次主观设计出来的褶皱，褶皱边缘大多呈s形或z形。

这种褶皱多用于衣服的边缘部分，以突出服装的层次感或增强飘逸感。

受力点　受力点

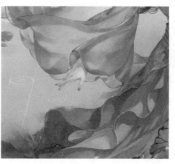

S形边缘

Z形边缘

3.3.2 **褶皱的上色**

在对褶皱进行上色时，先考虑整体，分析画面的打光方向，从而确定衣服褶皱的明暗，下面演示以上不同类型褶皱的上色方法。

● **上色方法1**

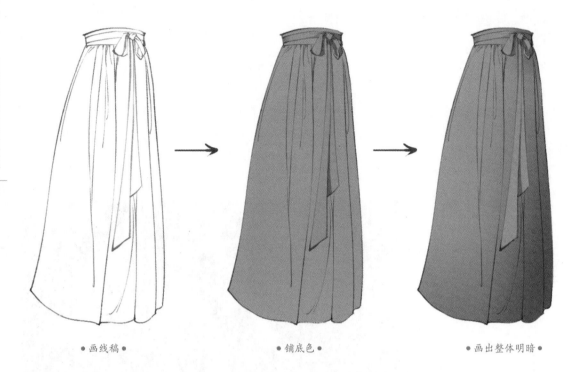

● 画线稿 ●   ● 铺底色 ●   ● 画出整体明暗 ●

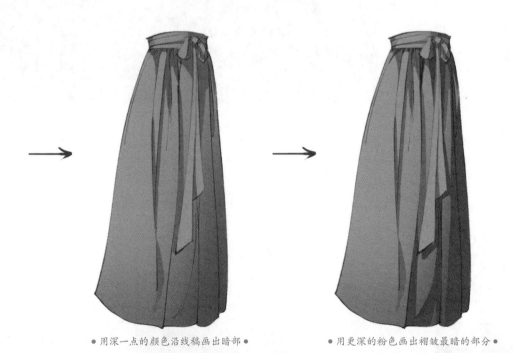

● 用深一点的颜色沿线稿画出暗部 ●   ● 用更深的粉色画出褶皱最暗的部分 ●

● 上色方法 2

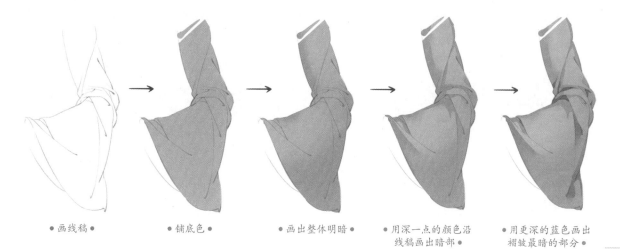

● 画线稿 ●　　　● 铺底色 ●　　　● 画出整体明暗 ●　　　● 用深一点的颜色沿线稿画出暗部 ●　　　● 用更深的蓝色画出褶皱最暗的部分 ●

● 上色方法 3

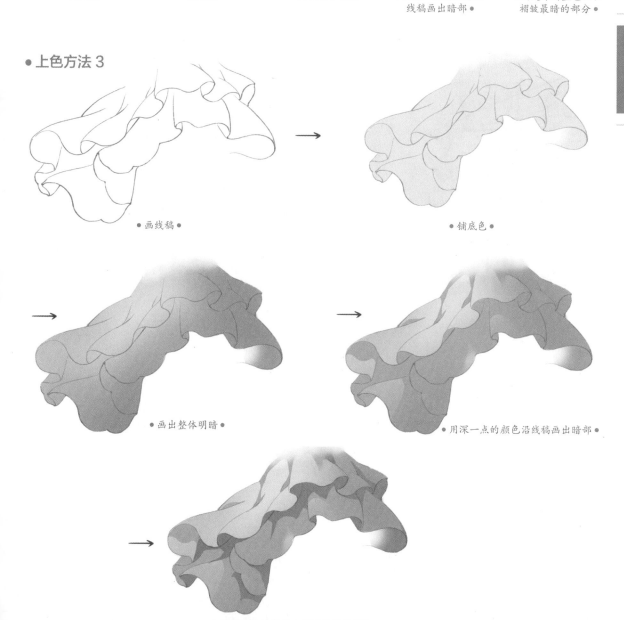

● 画线稿 ●　　　● 铺底色 ●

● 画出整体明暗 ●　　　● 用深一点的颜色沿线稿画出暗部 ●

● 用更深的绿色画出褶皱最暗的部分 ●

● 将褶皱看作为圆柱体上色

除了上面的方法，给褶皱上色时可以将褶皱理解为一个个、一组组不规则的圆柱体，用画圆柱体明暗的方法给褶皱上色。

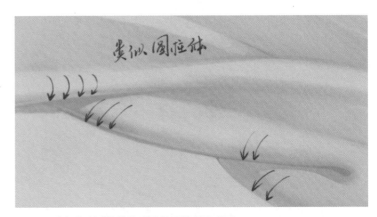

↓可以将其理解为无数小圆柱体相互叠压。

↓那么每个小圆柱体的明暗关系就很清晰了。

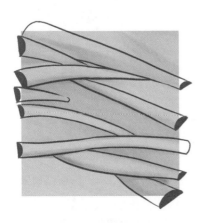

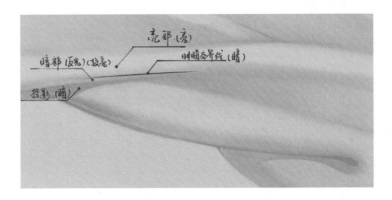

使用前面介绍的方法画出整体明暗关系，然后采用画圆柱体的方法绘制褶皱明暗。

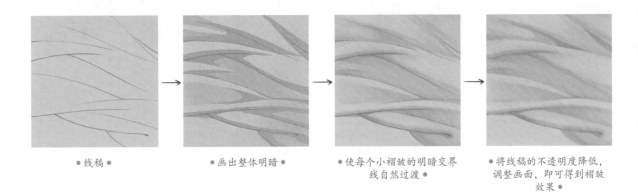

● 线稿 ●

● 画出整体明暗 ●

● 使每个小褶皱的明暗交界线自然过渡 ●

● 将线稿的不透明度降低，调整画面，即可得到褶皱效果 ●

3.4 古风服装的材质

古风服装的布料材质多种多样，可分为棉、绸、纱等常见材质，下面分别介绍。

3.4.1 棉 ⋯⋯⋯⋯⋯⋯⋯⋯⋯⋯⋯⋯⋯⋯⋯⋯⋯⋯⋯⋯⋯⋯⋯⋯⋯⋯⋯⋯

棉布是布料中最为常见的一种材质，也是我们最为熟悉的一种布料，下面我们介绍这种布料的特点。

棉布表面有一定的织造纹理，细腻但不光滑，光打在棉布衣服上，会在其表面形成一种类似"磨砂"的漫反射现象，即明暗交界线柔和，反光较弱。

在之前演示的布料褶皱的画法中，也都是以棉布材质为基础的，在绘制棉布材质时可以参考前面的方法，在画出布料的整体明暗关系后，依旧用柔边19号画笔对明暗交界线进行过渡，添加反光（注意棉布反光较弱）。

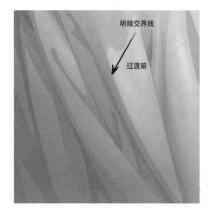

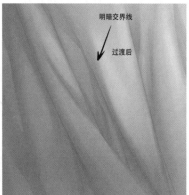

插画作品中棉布材质的体现。

3.4.2 绸缎

绸缎是丝织品，上好的绸缎表面光滑亮丽，手感细腻，价格昂贵，在古风插画中，也多用于设计宫廷或贵族服饰。

丝绸表面的织造纹理极其细腻，会形成光滑亮丽的表面，光打在丝绸上，会在表面形成一种类似金属材质的"镜面反射"效果，即明暗交界线突出，亮暗对比明显，反光强烈，即亮部更亮，暗部更暗。

绘制绸缎时，可在棉布的基础上加深明暗交界线及投影颜色，提亮布料反光与高光部分。

 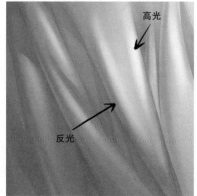 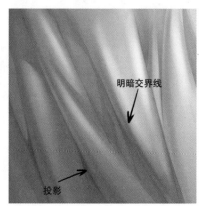

插画作品中绸缎材质的体现。

3.4.3 纱

纱也是古代服装的主要材质，纱自身轻薄透明，多用于设计飘逸、柔美的服装。

纱的质地也有软硬之分，一类为软纱，质地柔软轻薄；另一类为硬纱，质地轻盈却有一定的硬度，两种都属于半透明材质，自身颜色受底部物体颜色的影响较大。

有一个简单的思路，就是把纱理解为气泡，生活中常见的气泡与纱有什么联系呢？两者有一个共同的特点：半透明。

这里介绍一个简单的绘制气泡的方法。

这是一个置于暗色背景上的不透明球体。

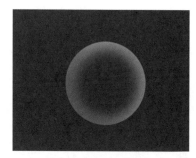

以球心为圆心，用柔边类橡皮擦擦掉中间的颜色，此时球体就呈现半透明效果了。

画上高光，简单的气泡就完成了。

按照同样的原理，在原有布料的基础上绘制一层纱质布料。

此时无论底部颜色如何变化，置于上层的气泡依然为半透明状态，这也恰恰是纱的表现原理。

[Step 01]

为了突显纱质材料，把之前画过的布料复制一层，并降低亮度，置于原有布料图层的底部，用作布料背景；然后将原有的【布料】图层旋转至与底部图层的褶皱呈交错的状态。

将线稿图层模式切换为"正片叠底"。

注：使用橡皮擦时下笔一定要轻，由于纱质布料比气泡厚得多，因此擦除颜色时要留有余地，轻轻擦出薄、透的感觉即可。

［ Step 03 ］

返回【布料】图层，以每个褶皱为单位，用柔边类橡皮擦擦除每个褶皱的中间部分。

插画作品中纱材质的体现。

［ Step 04 ］

重新用亮色画出纱质布料的高光，置于上层，完成纱材质的绘制。

3.5 古风配饰的材质表现

绘制古风配饰之前，首先要了解各种饰品的材质，分析材质特点，以球体的形式理解各种材质的画法。

3.5.1 金

金属具有高光、反光，即高光及反光的效果明显，明暗对比强烈，金、银、铜等皆属于金属材质。下面举例讲解一下金质金属球的画法。

[Step 01]

为背景填充一种颜色，使用圆形选区工具并按住【Shift】键画出圆形区域，新建图层，命名为【金属】。

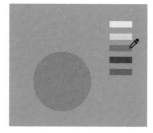

[Step 02]

单击颜色方块进入拾色器，选择偏暗的金属黄色作为金属球的底色和固有色，按【Alt】+【Delete】快捷键填充颜色。

注：不要将颜色选择得特别深或特别浅，否则后面画高光和暗部时不好选颜色。

[Step 03]

锁定【金属】图层的不透明度，在拾色器上选择较亮的金黄色，用柔边圆画笔画出金属球的亮部区域。

注：也可选择19号画笔，将其硬度值调低，绘制时也更容易操作。

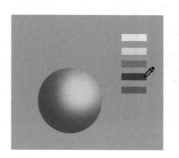

[Step 04]

在拾色器上选择较暗的饱和度较高的红（黄）褐色，用柔边圆画笔或19号画笔画出金属球的暗部区域。

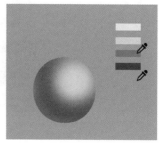

[Step 05]

再次选择金属的固有色与背景颜色，在金属球的暗部区域，选择硬度值低的19号画笔，用较轻的力度画出暗部区域的反光及受背景影响的环境色。

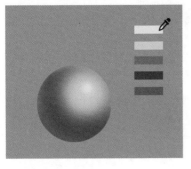

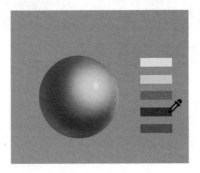

[Step 06]

在拾色器上吸取最亮的颜色，点出金属球体的高光。

> 注：高光区域通常是画面中面积最小的部分，面积过大则会使画面出现"花""曝光"等问题。

[Step 07]

此时若明暗交界线的颜色与亮暗部的对比不够明显，可以重新吸取最暗的颜色，强调明暗交界线。

[Step 08]

整理画面，金质金属球的绘制就完成了。

3.5.2 银

银材质的画法与金材质的基本相同，只是在颜色上有区别，金材质是金黄色，银材质为银灰色。

下面举例讲解一下银质金属球的画法。

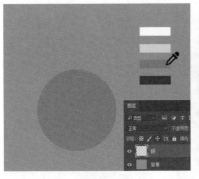

[Step 01]

给背景填充一种颜色，使用圆形选区工具并按住【Shift】键画出圆形区域；新建图层并命名为【银】，在拾色器上选择偏暗的银灰色作为银质金属球的底色和固有色，按【Alt】+【Delete】快捷键填充颜色。

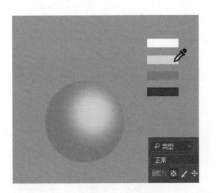

[Step 02]

锁定【银】图层的不透明度，在拾色器上选择较亮的冷灰色，用柔边圆画笔画出银质金属球的亮部区域。

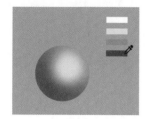

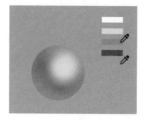

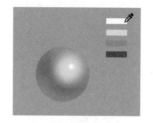

[Step 03]

根据冷暖对比原则，画面中银质球亮部选择偏冷的颜色，那么暗部则选取较暖的暗灰色，画出银质金属球的暗部区域。

[Step 04]

再次选择金属球的固有色与背景颜色，在金属球的暗部区域，用较轻的力度画出暗部区域的反光及受背景影响的环境色。

[Step 05]

选择偏白偏亮的颜色，点出银质金属球的高光。

[Step 06]

整理画面，银质金属球的绘制就完成了。

3.5.3 铜

铜材质的颜色与金材质的类似，只是在金材质的基础上偏红偏暗。下面举例讲解一下铜质金属球的画法。

●金固有色●

●铜固有色●

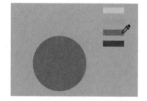

[Step 01]

给背景填充一种颜色，使用圆形选区并工具按住【Shift】键画出圆形区域；新建【铜】图层，在拾色器上选择偏暗的红铜色作为底色和固有色，按【Alt】+【Delete】快捷键填充颜色。

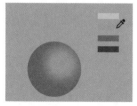

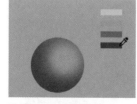

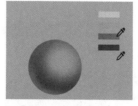

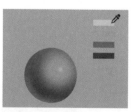

[Step 02]

锁定图层的不透明度，在拾色器上选择较亮的土黄色，用柔边圆画笔画出铜质金属球的亮部区域。

[Step 03]

在拾色器上选取较深较暖的暗红色，画出铜质金属球的暗部区域。

[Step 04]

再次选择金属球的固有色与背景颜色，在金属球的暗部区域，用较轻的力度画出暗部区域的反光及受背景影响的环境色。

[Step 05]

选择偏亮的颜色，点出铜质金属球的高光，完成绘制。

3.5.4 玉

金、银、铜均属于不透明的金属材质，对于照射过来的光只有反射而没有透光性；而玉、翡翠、玛瑙等为半透明材质，本身带有一定的透光性，在暗部区域不仅会有反光还会产生透光而形成亮色，这个颜色通常比亮部颜色更亮，在半透明物体中，暗色集中在高光附近的亮部区域，亮色存在于原本应该为暗部的透光区域。

下面举例讲解一下玉石球体的绘制方法。

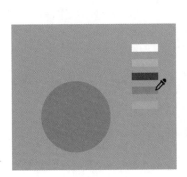

【 Step 01 】

给背景填充一种颜色，新建【玉】图层，使用圆形选区工具并按住【Shift】键绘制圆形选区，再填充翠绿色作为玉的固有色和底色。

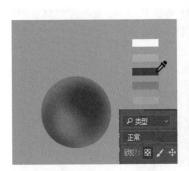

【 Step 02 】

锁定【玉】图层的不透明度，在拾色器上选择较深的墨绿色画出球体的亮部区域。

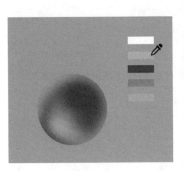
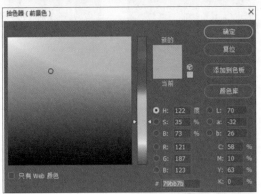

【 Step 03 】

在拾色器上选择偏暖黄偏亮的绿色，画出玉暗部透光区域的颜色。

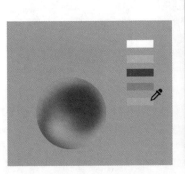

【 Step 04 】

依据冷暖色调搭配原则，之前透光色选取的是偏暖黄的颜色，可以在拾色器上选择一个偏冷的蓝绿色，丰富画面颜色。

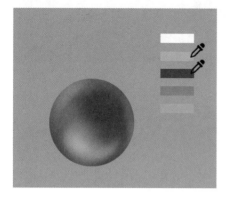

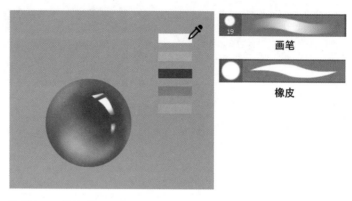

画笔

橡皮

〔 Step 05 〕

添加颜色时很容易影响球体本身的亮暗分布，可以再次吸取之前的暗色和亮色重新加深和提亮。

〔 Step 06 〕

选择白色作为高光色，可以用之前的点状图形表示高光；也可以用**19**号画笔画出曲线条状高光，然后用硬边类橡皮工具擦出规则的高光区域，这样，一个玉石的材质球就绘制完成了。

3.5.5 珍珠

珍珠与玉石、玛瑙、水晶并称为中国古代传统"四宝"，所以在服装配饰方面也十分常用，在光照下，珍珠会呈现出温润的光泽与多彩的色泽。

下面举例讲解一下珍珠的画法。

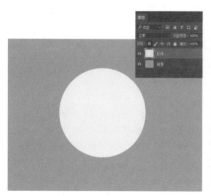

〔 Step 01 〕

给背景填充一种颜色，新建图层并命名为【珍珠】，在拾色器上选择淡黄色作为珍珠的固有色和底色，锁定【珍珠】图层的不透明度。

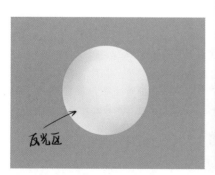

反光区

〔 Step 02 〕

在拾色器中选取更暗的黄色，画出珍珠的明暗交界线，记得留出反光区域。

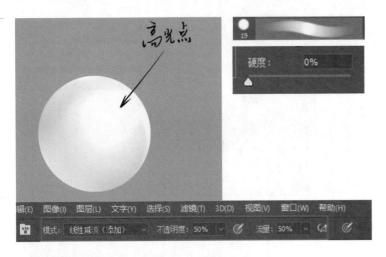

[Step 03]

选择19号画笔，将画笔边缘硬度设置为0，在拾色器中选择淡黄色；将画笔模式切换为"线性减淡（添加）"，不透明度与流量均设置为50%，用较轻的力度画出珍珠的高光光泽。

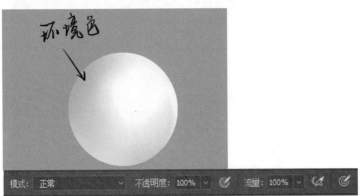

[Step 04]

吸取背景色，画出珍珠边缘受背景影响的环境色。

注：上一步之所以用线性减淡模式是为了突出高光的光泽度，画完高光后一定要将画笔模式切换回"正常"模式，否则会有曝光效果。

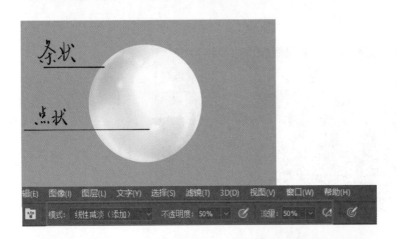

[Step 05]

缩小画笔，再次将画笔模式切换为线性减淡，吸取珍珠颜色，画出珍珠边缘的条状光斑及明暗交界线附近的点状光斑。

注：画某处的光斑时，直接按住【Alt】键吸取该处的珍珠颜色即可，光斑大小不要全部一样。

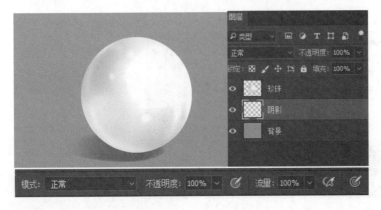

[Step 06]

将画笔模式切换回"正常"模式，在【珍珠】图层下面新建图层并命名为【阴影】；选择深色画笔画出珍珠的投影，来突出珍珠的立体感和反光处的光泽，这样，一颗具有斑斓光泽的珍珠就绘制完成了。

3.6 古风配饰的画法

饰品分为很多种，通常与服装搭配使用，使人物的表现更加光彩夺目。

3.6.1 发簪

发簪是用来固定和装饰头发的一种首饰，由簪头与簪挺（簪杆）构成，形式种类丰富，有骨、石、竹、木、玉、金等多种材质的发簪，下面介绍对称式点翠金簪的画法。

点翠簪是用古代传统技艺"点翠"制成，其做工精致、颜色亮丽夺目，多以蓝金色调为主，是金属工艺和羽毛工艺的结合。先用金或镏金等金属制成不同图案的底座，再将翠羽，即翠鸟背部亮丽的蓝色羽毛镶嵌在座上，制作成各种工艺饰品。

下面举例讲解一下发簪的画法。

[Step 01]

若想绘制图案对称的发簪，可使用画笔并按住【Shift】键向下画一条垂直线，以此为对称轴，单独建图层，然后新建【金框】图层组，新建7个图层并放于组中。

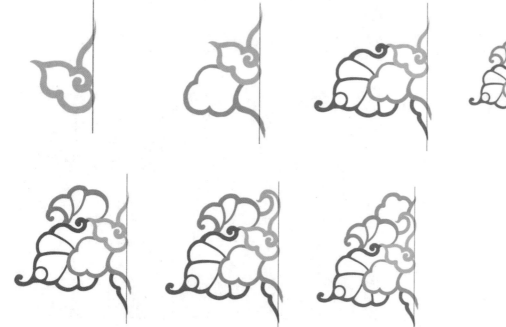

[Step 02]

分别在各个金框图层上用不同颜色画出相应层次的图案，并用垂直线画出簪杆，全部集中画于对称轴的同一侧。

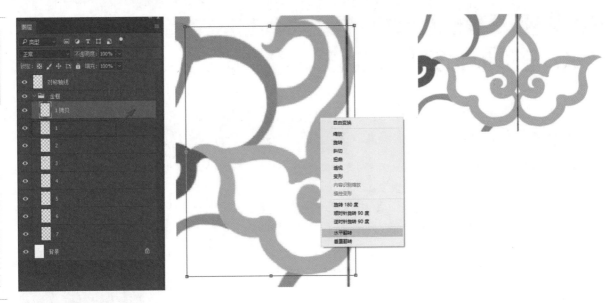

[Step 03]

按【Ctrl】+【J】快捷键拷贝图层1，选择拷贝图层中的图案，按【Ctrl】+【T】快捷键，单击鼠标右键，选择【水平翻转】，将图案移至相应对称的位置提交确认即可。

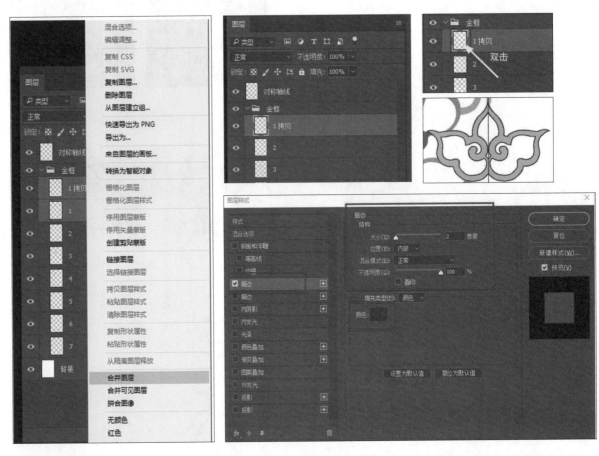

[Step 04]

按住【Ctrl】键并单击选择两个图层，单击鼠标右键，选择【合并图层】，双击合并后的图层，设置图层样式，勾选【描边】，选择暗色，调整各项参数后单击【确定】，得到描边效果。

［ Step 05 ］

按照Step03~Step04的方法对其余图层进行相同的操作，可以得到完整的发簪图案。

［ Step 06 ］

选择簪杆所在的图层，用较细的画笔画出圆形及椭圆形的宝石边缘形状，然后擦除其他图层上与之相交的多余部分。

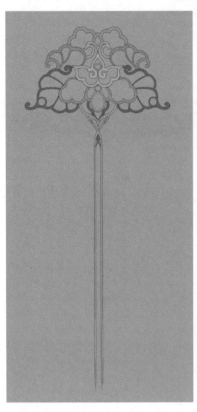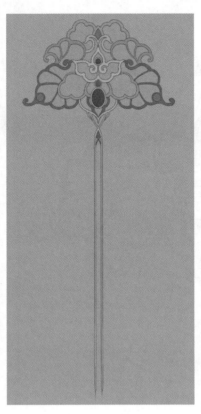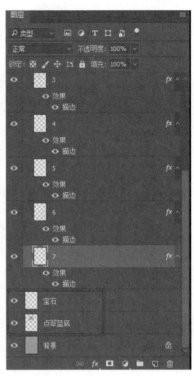

[Step 07]

将背景填充为饱和度较低的土黄色；在【金框】图层组的下面新建【点翠蓝底】图层，选择亮蓝色平涂簪头底色；新建【宝石】图层，用红色与橘色平涂宝石部分。

[Step 08]

锁定当前所有图层的不透明度，画出蓝底部分的亮暗面，注意加深阴影处颜色，以区分蓝色翠羽的层次感；用柔边类画笔为翠羽部分晕染些绿色，再用19号画笔以亮黄色画出各个金框的高光。

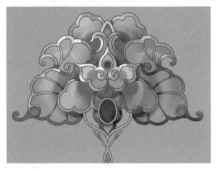 

[Step 09]

用暗色加深金框的暗部及阴影部分，然后画出宝石的暗色，再用白色点出宝石的高光。

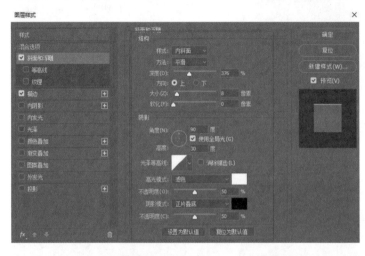 

[Step 10]

双击簪杆图层，设置图层样式，勾选【斜面和浮雕】并调整参数，使簪杆呈现立体效果。

[Step 11]

在蓝底之上金框之下新建图层，然后将图层模式改为【正片叠底】，用画笔分别沿着每层图案的走向排线，画出翠羽的羽毛质感。

 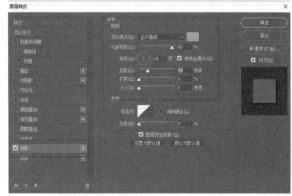 

[Step 12]

将所有图层复制再合并，双击图层设置图层样式，勾选【投影】，调整参数，为发簪添加投影效果，对称式点翠发簪即绘制完成。

3.6.2 玉佩

　　玉佩是以玉石制成的装饰品，古时多系在衣带上。玉佩通常配以人物、走兽、花鸟等形象的传统图案及纹饰，而"鱼"与"余"同音，有连年有余、安宁平和等吉祥寓意，也是玉佩中常用的纹饰造型。下面举例讲解一下鱼形玉佩（以下简称鱼佩）的画法。

[Step 01]

填充背景颜色，新建【底色】图层，用椭圆形选区工具画出玉佩形状，选取翠绿色，按【Alt】+【Delete】快捷键填充颜色。

[Step 02]

取消选区，在【底色】图层上新建【草图】图层，设计出以鱼为主题造型的鱼形玉佩草图。

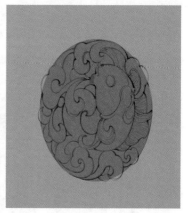

[Step 03]

降低【草图】图层的不透明度，在草图上新建【线稿】图层，选择勾线画笔——平头湿水彩笔，根据草图勾勒出鱼形玉佩线稿。

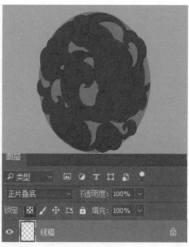

[Step 04]

将【线稿】图层锁定不透明度，切换图层模式为【正片叠底】，将线稿填充为略深的绿色，与底层颜色形成对比。按照线稿轮廓，选取深绿色，在【底色】图层平涂线稿纹饰内的区域。

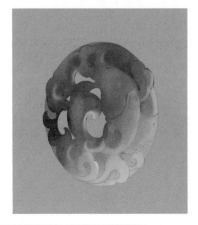

[Step 05]

擦除鱼形玉佩中间镂空部分的底层颜色，锁定底层图层的不透明度，选择大涂抹炭笔整体铺出鱼佩的亮暗颜色。

[Step 06]

选择19号画笔，将画笔硬度值降低，沿线稿加强鱼形玉佩图案的最暗部及反光。

注：玉佩为半透明材质，暗部反光明显，所以铺色时颜色上深下浅。

[Step 07]

进一步细化鱼形玉佩中的细节纹饰。

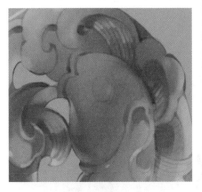
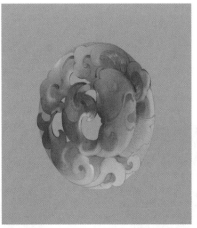

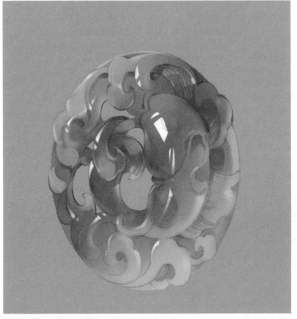

[Step 08]

在底色图层上新建【高光】图层，用实边类画笔（如硬边圆等）结合橡皮工具画出高光形状，鱼形玉佩的绘制就完成了。

3.6.3 手镯

绿松石与玉不同，属于不透明的材质，前面讲解了玉的画法，下面以绿松石为材质，结合镶金饰品的表现，来讲解一下绿松石镶金手镯的画法。

[Step 01]

新建【手镯】图层，用椭圆形选区工具画出手镯形状，将底色填充为绿色，并锁定图层的不透明度。

> 手镯有"近大远小，近宽远窄"的透视关系。

[Step 02]

选择19号画笔，将硬度值设置为10%，画出手镯颜色明暗关系。

> 手镯的边缘是比较圆润的，可把画笔硬度降低一些，便于过渡，如10%左右。

[Step 03]

新建【金饰】图层，为手镯增加配饰，更换画笔工具（如硬边圆画笔）画出金饰图案的形状，并锁定图层的不透明度。

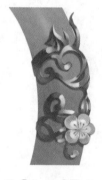

[Step 04]

铺出金饰图案的明暗，重新使用19号画笔画出金饰的明暗关系与厚度。

[Step 05]

刻画金饰的细节部分。

[Step 06]

加强金饰亮色与暗色的对比，表现出强烈的金属光感。

[Step 07]

在【手镯】图层上画出金饰经光照产生的投影，把金与石联系成一个整体，通过阴影结合起来，使其镶在上面。

[Step 08]

为背景填充颜色，用亮色把手镯亮部和暗部画出光感和反光，用纯白色画出亮部和转折处的高光。

[Step 09]

可用晕染类画笔或大涂抹炭笔画出手镯的阴影，以丰富画面效果，完成作品的绘制。

3.6.4 笛子

笛子是一种常见乐器，也是古代文人雅士常佩戴于身的装饰道具，通常由笛身、笛孔、飘穗等结构组成，以材质划分，可将笛子分为骨笛、石笛、竹笛等。下面讲解一下插画中最常出现的竹笛的画法。

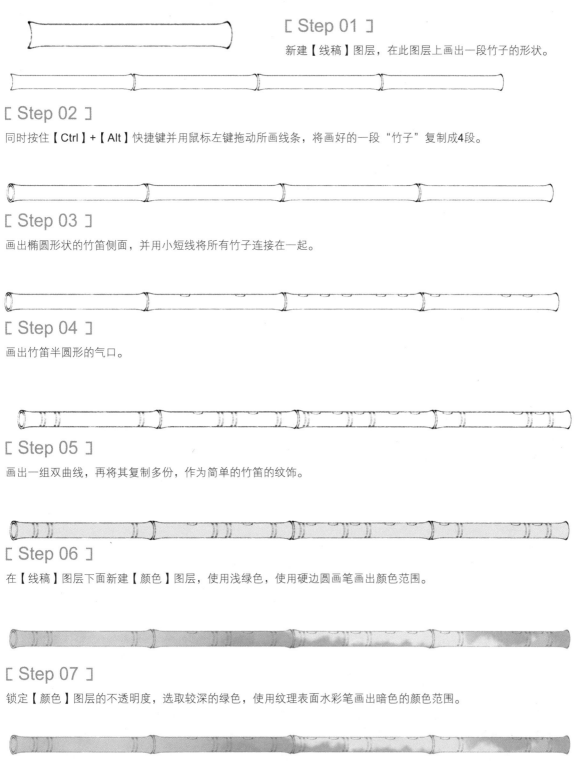

[Step 01]

新建【线稿】图层，在此图层上画出一段竹子的形状。

[Step 02]

同时按住【Ctrl】+【Alt】快捷键并用鼠标左键拖动所画线条，将画好的一段"竹子"复制成4段。

[Step 03]

画出椭圆形状的竹笛侧面，并用小短线将所有竹子连接在一起。

[Step 04]

画出竹笛半圆形的气口。

[Step 05]

画出一组双曲线，再将其复制多份，作为简单的竹笛的纹饰。

[Step 06]

在【线稿】图层下面新建【颜色】图层，使用浅绿色，使用硬边圆画笔画出颜色范围。

[Step 07]

锁定【颜色】图层的不透明度，选取较深的绿色，使用纹理表面水彩笔画出暗色的颜色范围。

[Step 08]

锁定【线稿】图层的不透明度，将图层模式改为【正片叠底】，用深绿色填充线稿图层。

[Step 09]

进一步细化颜色的绘制，画出竹笛的明暗交界线，并将竹节位置的颜色画得较深一些。

[Step 10]

将气口处的多余线稿擦掉，用深色画出气口和弧形纹饰的明暗关系。

[Step 11]

用纯白色画出竹笛的高光。

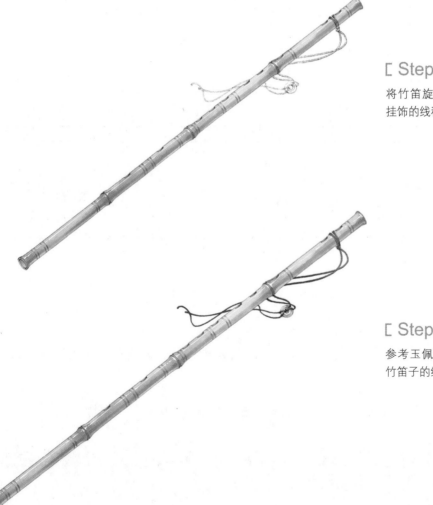

[Step 12]

将竹笛旋转一定的角度，画出挂饰的线稿。

[Step 13]

参考玉佩的画法将挂饰上色，竹笛子的绘制就完成了。

3.6.5 团扇

　　团扇又称宫扇、纨扇，主要由扇面及扇柄组成，扇面多为圆形或近似圆形，其质地有绢、绸、缎、纱、缂丝等轻柔、薄透的布料材质；常见的扇柄有竹、木、漆雕等材质，辅以扇坠、绢花等作装饰。团扇多为古代女子使用，能展现女性娇柔含蓄之美。下面讲解一下圆形绢花饰团扇的画法。

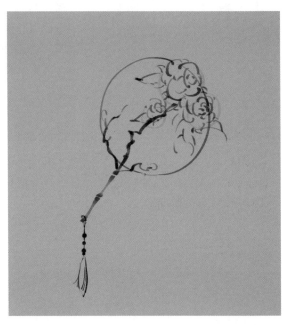

〔 Step 01 〕

填充背景颜色，新建【草图】图层，设计出团扇的样式，用简单的线条画出团扇与饰品的造型与位置。

〔 Step 02 〕

细化草图，将草图线条的不透明度降低，画出团扇上花卉与扇坠的草图。

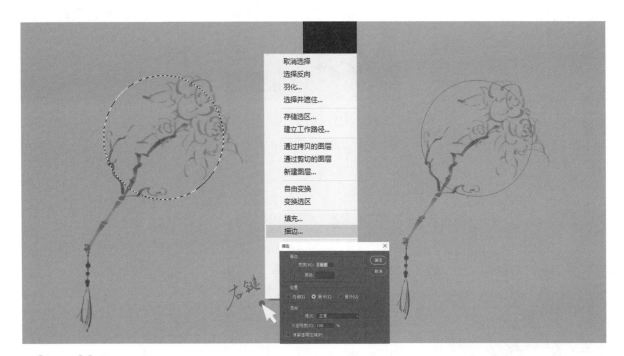

〔 Step 03 〕

降低草图的不透明度，新建【扇面】图层，用圆形选区工具选取团扇扇面，单击鼠标右键，在弹出的菜单中选择【描边】，设置描边宽度与颜色，单击【确定】。

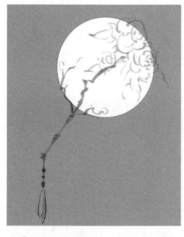

﹝ Step 04 ﹞

用魔棒工具选取圆形区域，按【Alt】
+【Delete】快捷键填充白色。

﹝ Step 05 ﹞

新建【扇柄】图层，用单色画出扇
柄的造型，并用橡皮擦工具擦除部
分辅助线条。

﹝ Step 06 ﹞

分别新建【花】、【叶】图层，在
各自图层上使用19号画笔绘制出花
叶造型，并用橡皮擦工具擦除部分
辅助线条。

﹝ Step 07 ﹞

将【扇面】图层的不透明度降低。

﹝ Step 08 ﹞

将花卉造型细致刻画出来。

﹝ Step 09 ﹞

细化叶子的造型，分别用较浅和
较深的颜色将花与叶的层次区分
出来。

﹝ Step 10 ﹞

细化扇柄，画出扇柄的高光与反
光，突出扇柄的体积感。

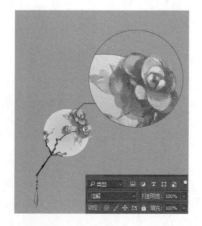

﹝ Step 11 ﹞

在【图层】面板上方新建【金粉】
图层，切换图层模式为【溶解】，
用柔边类画笔吸取金黄色，画出扇
面与花饰上面的"金粉"效果。

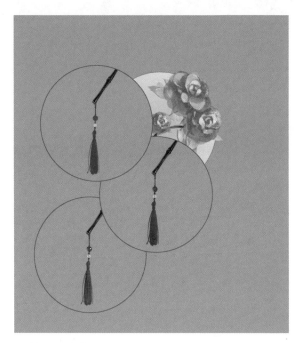

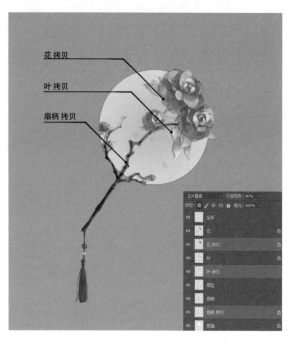

[Step 12]

新建【扇坠】图层，绘制扇柄尾端的流苏造型，细化出流苏与珠子的体积感，并隐藏【草图】图层。

[Step 13]

分别复制【花】【叶】【扇柄】图层并置于各自图层下面，将新复制的3个图层的图层模式切换为【正片叠底】；擦除扇面外的部分，调整图层颜色与不透明度，将其移动至相应位置，即为阴影。

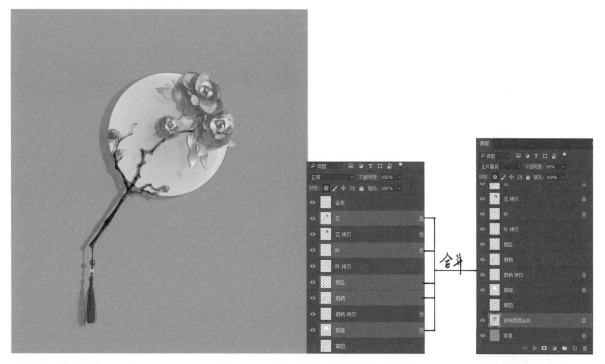

[Step 14]

选择团扇所有图层（金粉与阴影图层除外），将其复制后再合并；将合并后的图层移至背景上面，图层模式切换为【正片叠底】，用单色填充图层，调整不透明度，移动至阴影位置，完成团扇的绘制。

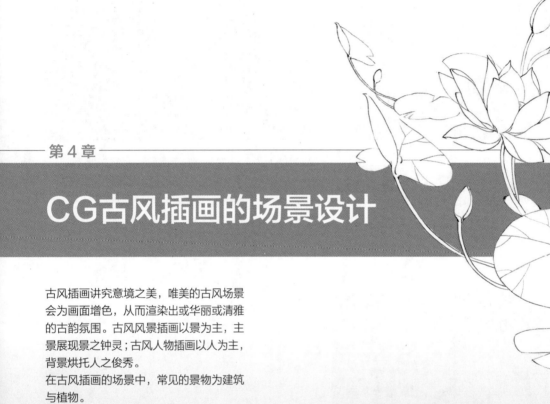

第4章

CG古风插画的场景设计

古风插画讲究意境之美，唯美的古风场景
会为画面增色，从而渲染出或华丽或清雅
的古韵氛围。古风风景插画以景为主，主
景展现景之钟灵；古风人物插画以人为主，
背景烘托人之俊秀。

在古风插画的场景中，常见的景物为建筑
与植物。

4.1 透视的基础理论

提到古代建筑，不得不讲一个知识点——透视。

日常生活中我们经常会见到一些透视现象，例如，近实远虚、近大远小、近长远短、近宽远窄等。由于人眼在观察物象时会出现这些视错觉现象，因此，人们总结出了透视原理并应用于绘画中，这也是表现物体空间感与立体感的重要法则。

●近实远虚●

●近大远小●

如上图所示，同一种山体，近处的山体明显比远处的看起来要清晰；同样高的红漆柱，近处的明显比远处的要高且粗。

近实远虚是空气透视原理，即由于空气对光线的阻隔，使物体在远近及明暗色彩等方面也会有不同的视觉变化，这种原理在上色时会应用到；而近大远小为形体透视原理，也称几何透视，包括一点透视、两点透视、三点透视等，在绘制建筑等形体的线稿时通常会应用到。

在平面的画布上利用线与面交汇的视错觉来展现立体空间的绘画手法就是透视。本节介绍最常用的两种透视：一点透视与两点透视。

4.1.1 一点透视原理

几何透视中的一点透视又叫作平行透视。以立方体为例，在立方体的6个面中，有一个面与画面呈平行状态时，画面中除水平与垂直线外，其他的线条或延长线汇聚于视平线之上的一点，称为消失点，其消失点只有一个，称作一点透视。

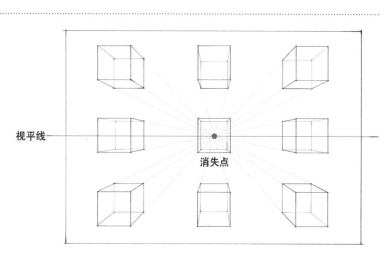

视平线

消失点

一点透视具有以下特点。

● "横平竖直"，即画面中所有物体原水平方向与垂直方向的线条不变，依旧是水平线条与垂直线条。

● 所有非水平与垂直的边线皆交汇于消失点。

● 一点透视画面只有一个消失点，且消失点通常在画面之内。

一点透视常用于规则性的对称式构图或用于表现纵深感比较强烈的长景构图。

右图所示的亭子在画面中即为一点透视构图，为便于理解，将亭子前面的道路画出来。

图中原水平方向与垂直方向的线条不变，横平竖直；六角亭6个角与对应底柱的点的连线皆交汇于一点，即图中心的消失点；除此之外，道路的4条边线的延长线也均交汇于消失点，在平面画布上呈现出了极其深远的空间延伸感，也正是一点透视所表现出的画面效果，庄重大气，层级分明。

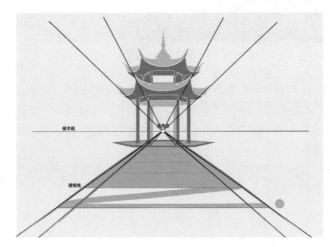

同理，画面中的任何对象皆符合一点透视原理，例如，以画面视平线为轴，画出透视线条，确定人物相应的大小与高度。

4.1.2 **两点透视原理**

几何透视中的两点透视又称作成角透视。以立方体为例，在立方体的6个面中，没有任何一个面与画面呈平行状态时，画面中除垂直线外，其他的线条或延长线汇聚于视平线上的消失点，其消失点有两个，称作两点透视。

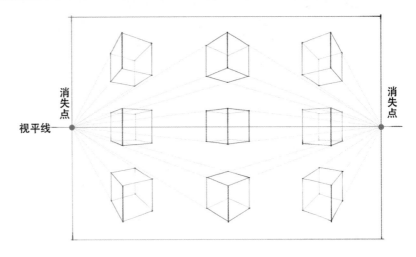

两点透视具有以下特点。

● 画面中所有物体原垂直方向的线条不变，依旧呈垂直状态。

● 所有非垂直的边线皆交汇于消失点。

● 画面中有两个消失点，且通常位于画面之外。

两点透视多用于展现空间的立体感与层次感，使画面更富有张力。

右图所示的亭子在画面中即为两点透视构图，为方便理解，同样将亭子前面的道路画出来。

图中两个消失点均在画面外，原垂直方向的线条依旧保持垂直状态；亭子边缘的所有直线轮廓及道路边线皆分别汇聚于左右两侧的消失点；虽然没有一点透视那样具有强烈的纵深感，但表现出的建筑更加立体，表达更加全面，使画面更为丰富多彩。

在两点透视中确定人物的大小与高度时，就不能仅以单线来表现对应关系了，而要从两个消失点出发，依据画出的透视线绘制立方体，从而确定对象在立方体之内的大小。

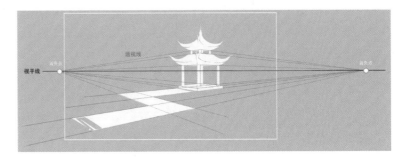

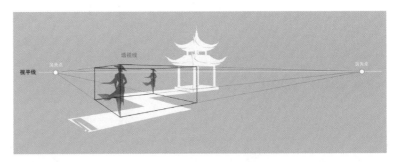

4.2 古风场景中的透视表现

　　基本理论只是帮助初学者理解透视，透视的真正意义在于实际绘画中的用法与表现，了解透视的基本原理，在绘制建筑场景时熟练运用，才能画出更加优美的作品。

　　本节分别运用一点透视与两点透视来绘制场景线稿。

4.2.1 室内场景示例

　　本小节以古风室内场景为例，介绍一点透视在室内场景中的表现。

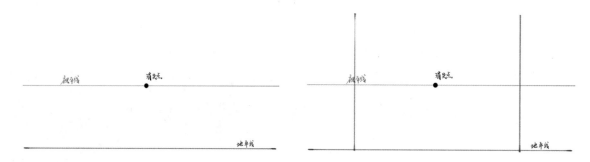

[Step 01]

在画布上画出两条水平线，确定一条为视平线，另一条为地平线；在视平线上取一点为消失点，并在消失点两侧各画一条垂直于地平线的直线。

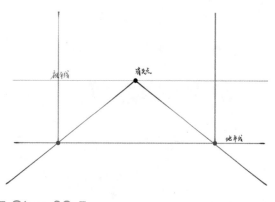

[Step 02]

● 颜色只用于标注以便理解，并不需要画出 ●

从消失点向地平线上的两个交点方向延伸，画出两条直线，将地平线交点两端的多余线条擦掉，由此，一个室内空间格局即形成，3面墙壁（绿、黄、绿），1面地面（蓝）。

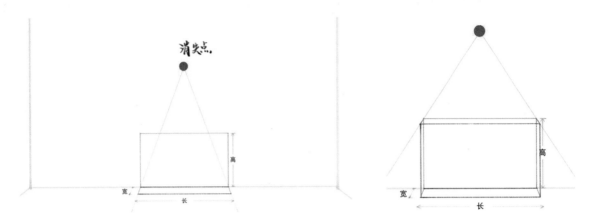

消失点

高
宽
长

高
宽
长

[Step 03]

由画面内向外画，在地平线处画出两个长方形，以此来确定靠墙桌子的长、宽、高 ，并进一步画出长方体的其他边缘。

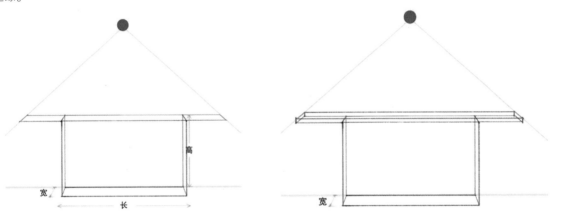

高
宽
长

宽

[Step 04]

在原立方体上再画出新的长方形，宽度不变，长度适当增加，设置一个新的高度，作为桌面木板的厚度，补全长方体。

注：通常习惯于先定长宽后定高度。

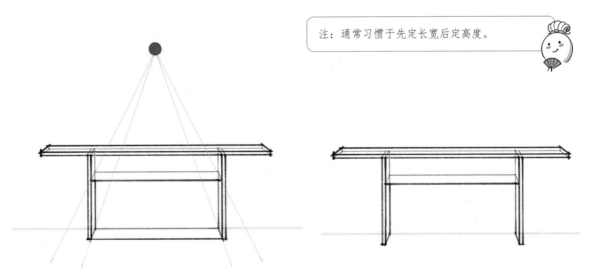

[Step 05]

将下面的立方体按照一点透视法适当切分，擦除多余线条，此时桌子的组合体块已经初具雏形。

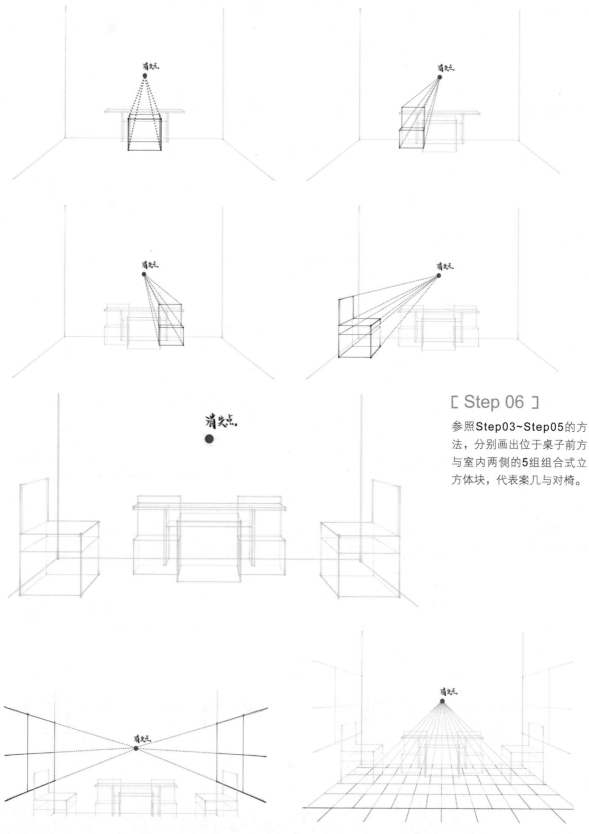

[Step 06]

参照Step03~Step05的方法，分别画出位于桌子前方与室内两侧的5组组合式立方体块，代表案几与对椅。

[Step 07]

从消失点出发，分别向室内墙面、地面画长直线，进一步画出规则分布的地砖线与窗户线。

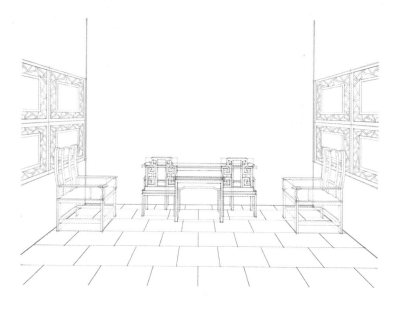

[Step 08]

将画好的所有线条的不透明度降低，新建图层，在已经确定好的体块位置上细致刻画出条形桌、方形茶几、椅子、窗户、地砖的图形。

[Step 09]

增加装饰物，画出瓶罐、茶盏、灯具、挂画等古代装饰物件，使房间内不会显得过于空旷，丰富房间细节，增加画面趣味性。

[Step 10]

隐藏或删除之前降低了不透明度的辅助线，古风室内场景的线稿就绘制完成了。

4.2.2 **室外场景示例**

　　古风室外场景中，最具有代表性的便是古典园林中的亭台水榭，在古风插画中也经常可见。下面以古风室外场景为例，介绍两点透视的表现。

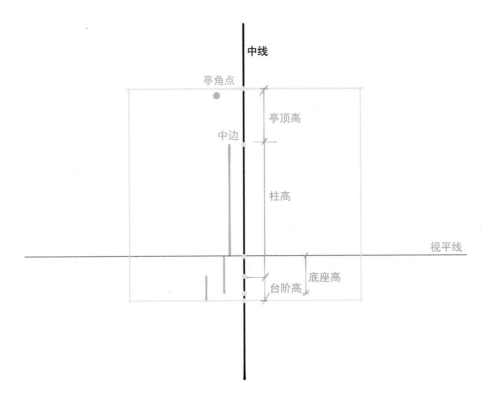

﹝ Step 01 ﹞

在画布偏下方的位置画出一条水平线，作为视平线，再画出视平线的垂线，以垂线为中线在画面上画出一个长方形，作为亭子的范围边框。在中线上确定出亭顶高度、亭柱高度、底座高度与台阶高度，并在中线一侧分别以各自高度确定出边框内部的亭角点、中边（绿线）。

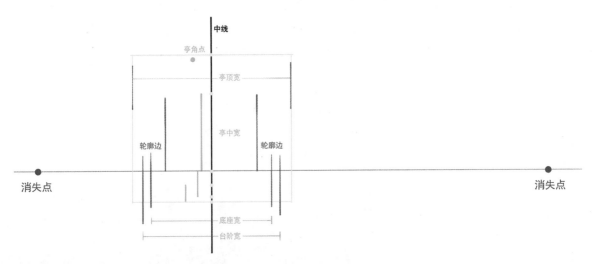

﹝ Step 02 ﹞

根据构思出的亭子形状初步确定出亭子各部位的宽度（仅画出中线一侧即可，另一侧可以中线为对称轴，使用"复制+自由变换+水平翻转"的方法得到），即轮廓边（红线），在视平线两侧各画出一个消失点。

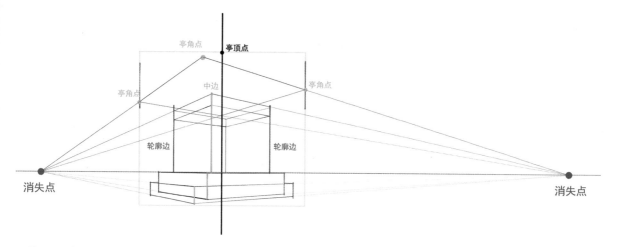

亭角点　　亭顶点

亭角点　　中边　　亭角点

轮廓边　　轮廓边

消失点　　　　　　　　　　　　　　　　　　消失点

[Step 03]

分别从亭角点与中边两端出发，向消失点方向画直线，
将与轮廓边相交产生的交点再与两个消失点连线，并连
接可见的3个亭角点（绿点）与亭顶点（黑点），这些
直线组成的便是亭子的几何体锥形。

注：消失点距离中线的远近决定了亭子上所有
斜线的倾斜角度，距离中线越远斜线坡度越
缓，距离中线越近斜线坡度越平陡。

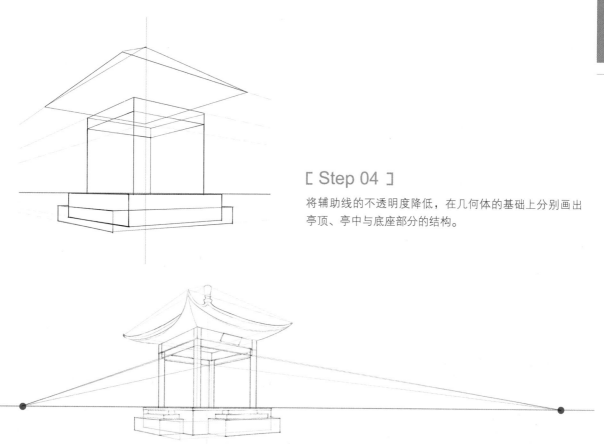

[Step 04]

将辅助线的不透明度降低，在几何体的基础上分别画出
亭顶、亭中与底座部分的结构。

●瓦片结构●

[Step 05]

细化亭子，画出亭顶瓦片、亭中坐凳与亭柱附近的主要装饰。

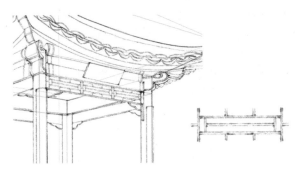

[Step 06]

进一步细化亭顶的结构，画出斗拱、木梁等部分，将设计复杂的结构集中于亭顶与底座上方，留出亭柱中间空白部分，使画面线稿疏密结合，有层级变化。

[Step 07]

新建图层，在画面空白部分用水平与竖直线画出一个标准的木框图形，再将画好的图形移动并复制到所需位置，根据两点透视调整形状。

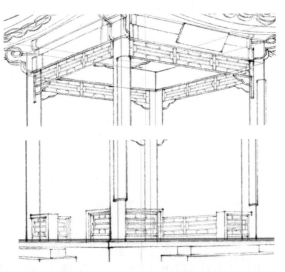

[Step 08]

参照上一步的方法，将木框移动并复制到其他木梁及坐凳内部作为装饰。

[Step 09]

隐藏辅助线，将多余线条擦除，整理画面，亭子的线稿就绘制完成了。

［ Step 10 ］

参照前面的步骤，用同样的方法画出亭子后方的建筑群（始终以消失点为辅助点，确定斜线的倾斜方向）。为突出前面的亭子，可适当加粗亭子边缘线，这也是画场景或人物线稿时经常使用的方法。古风室外场景的线稿就绘制完成了。

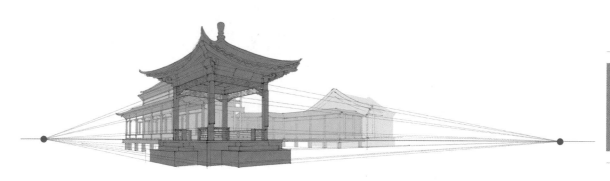

●场景结构分布●

注：无论绘制一点透视场景还是绘制两点透视场景，都要尽量多用辅助线，大多数辅助线都是从消失点引出的，用于确定斜线的倾斜角度，在Photoshop中可配合使用【Shift】键画出长直线。

●直线画法

按住【Shift】键的同时可画出水平线、竖直线。

●斜线画法

用画笔工具先点一下。

随后按住【Shift】键在所需直线方向再点一下，即可画出直线。

4.3 古风植物的画法

在古风人物插画中，唯美的人物与瑰丽的植物相映成趣，互为衬托，在古风浓郁的画面中，植物既是增色点，又是衬托人物的配景，与人物和谐搭配可以烘托出或清雅或华美的画面意境。本节将详细讲解唯美场景中的植物是如何绘制出来的。

4.3.1 荷花

荷花，又名莲花、水芙蓉，其形多瓣，茎长叶圆，自古就有"出淤泥而不染，濯清涟而不妖"的清雅之姿。荷花有粉、白、紫、黄等颜色，下面介绍最为常见的粉红色荷花的画法。

[Step 01]

画出荷花花瓣与花苞的线稿，注意前面荷花与后面荷花线稿的线条要有粗细、轻重变化，前面荷花的线条相对粗些，用线条粗细表现荷花的前后层次关系。

[Step 02]

画出荷叶线稿，可使用S形构图来安排荷叶的位置，在后方点缀小荷叶丰富画面，这样能使画面元素疏密有致，美感十足。线稿绘制完成，然后锁定所有线稿图层的不透明度，并将每个线稿图层的图层模式改为【正片叠底】。

[Step 03]

分别新建荷花、荷叶、茎上色图层，用白色或极淡的粉白色平涂荷花；用淡绿色平涂前景中的荷叶，再用颜色较深的绿色平涂茎与后面的荷叶，并锁定所有上色图层的不透明度。

[Step 04]

选择柔边类画笔，用淡粉色晕染每片花瓣的尖端部分。

[Step 05]

选取淡黄色晕染花瓣末端部分。

[Step 06]

选取黄绿色画中间的莲蓬。

[Step 07]

选取深粉色画花瓣末端的空隙部分。

[Step 08]

用排线的方式沿着花瓣的形状画出花脉。

[Step 09]

用上一步的方法画出所有荷花花瓣的花脉。

[Step 10]

用同样的方法为后面的荷花上色。

[Step 11]

用纹理表面水彩笔铺出荷叶的亮暗效果。

[Step 12]

按照线稿用深色画出荷叶的叶脉。

[Step 13]

按【Alt】+【Delete】快捷键，修改各个线稿的颜色，使线稿与上色图层的颜色更加和谐。

[Step 14]

在需要强调层次的花瓣和荷叶边缘画出高光。

[Step 15]

将除背景以外的所有图层合并，用纹理表面水彩笔或涂抹画笔将部分荷叶的边缘进行晕染，模拟水彩效果。

[Step 16]

整理画面，在茎上端添加少量黄绿色；选择小一点的画笔或用绘画工具直接在荷花花心与荷叶边缘处点几个白色小点，模拟水彩画中的"撒点"效果，荷花的绘制就完成了。

4.3.2 彼岸花

　　彼岸花，又名曼珠沙华，有红色、白色、蓝色、紫色等之分，其中最常见为红色，红得艳丽、忧伤。由于自身盛放的特点，传说"花开开彼岸，花开不见叶，见叶不见花，花叶永分离"，是古风插画中用于表现凄美景致的花卉，下面介绍这种花的画法。

[Step 01]

彼岸花外形如伞状，通常4~6朵小花围成一圈，着生在花茎顶端，花瓣呈倒披针形，边缘呈波浪状向后卷曲，根据花型特点画出彼岸花的花瓣与花蕊草图。

[Step 02]

将草图的不透明度降低，在不同的图层中用选区或画笔工具用不同颜色平涂出4组花瓣的形状，并锁定上色图层的不透明度，为区分层次，后面的花色要与前面的差异大些。

[Step 03]

按照草图用红色细线细致画出每朵花的花丝，并在尖端点出每丝花蕊顶端的花药。

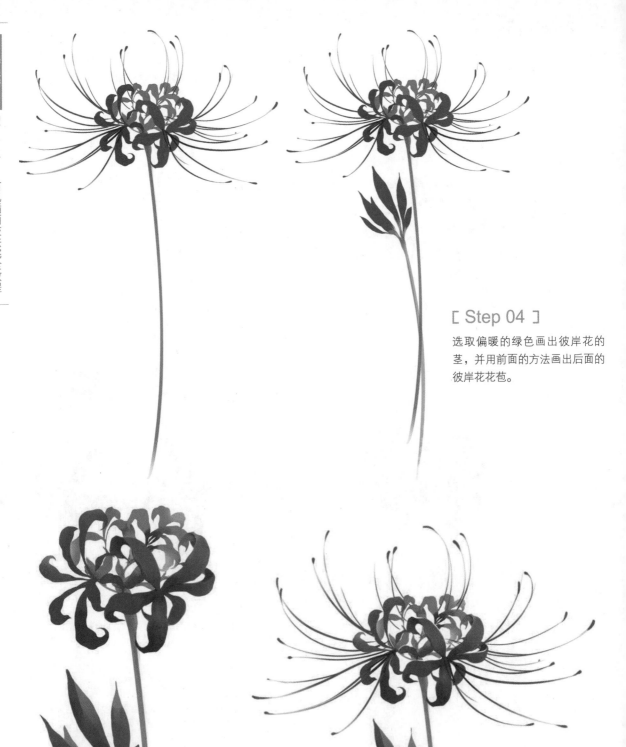

[Step 04]

选取偏暖的绿色画出彼岸花的
茎，并用前面的方法画出后面的
彼岸花花苞。

[Step 05]

暂时隐藏【花蕊】图层，用暗红色画出花
瓣的暗部，用橘色与背景白色画出后面花瓣
与花苞的亮部颜色及受背景影响的环境色。

[Step 06]

显示【花蕊】图层，在最上面新建【高光】图层，将花瓣的层次用白色
的高光进一步区分开。

[Step 07]

用纹理表面水彩笔画笔与
柔边圆橡皮配合使用，在
【背景】图层中画出红色
水彩效果，并在【高光】
图层中画出白色小点，模
拟水彩"撒点"效果。

[Step 08]

吸取彼岸花的红色，用小一点的画笔围绕花蕊画出点状图形作
为画面点缀，彼岸花的绘制就完成了。

4.3.3 月季花

　　月季花，又称花中皇后、月月红等，属蔷薇科花卉，花瓣由内向外呈发散状。古人言月季："只道花无十日红，此花无日不春风"，属四季开花的常盛植物。月季有黄、红、粉白、橙等多种颜色。下面讲解一下月季花的画法。

[Step 01]

画出月季花草图，在草图的基础上细化每一片花瓣，尽量将每一片花瓣的翻折与柔软形态表现出来，将线稿刻画得更详细。

[Step 02]

新建【底色】图层，用粉红色平涂出月季花瓣，并锁定上色图层的不透明度。

[Step 03]

在【底色】图层上方新建【投影】图层，在花瓣的暗部平涂暗红色，然后画出月季花的投影区域。

[Step 04]

返回【底色】图层，用较深的粉红色画出月季花的背光部分。

[Step 05]

用相对较亮的粉色画出月季花的受光区域。

[Step 06]

锁定【线稿】图层的不透明度并选择【正片叠底】图层模式，将线稿的颜色填充为红色。

[Step 07]

在【投影】图层上方新建图层，选取白色或淡粉色，用纹理表面水彩笔，下笔轻一点，整体晕染亮部浅色，增加画纸纹理质感。

[Step 08]

在【线稿】图层上方新建【高光】图层，在花瓣边缘处绘制高光。

[Step 09]

直接用纹理表面水彩笔画出茎叶及后面的小朵月季，不需要细致刻画，以较浅的颜色突出前方的月季花，虚实结合。

[Step 10]

画出叶脉和后面花瓣的高光。

[Step 11]

将前面花朵的茎叶的线稿颜色修改为叶子的颜色，隐藏后方花朵的线稿，月季花的绘制就完成了。

第 4 章

4.3.4 梨花

梨花，盛放于梨枝之上，成簇的梨花花色纯白，与嫩叶搭配淡雅素洁，是低调、高雅、素颜之花，却有着"占断天下白，压尽人间花"的清冷气势。下面讲解一下梨花及枝干的绘制技法。

[Step 01]

画出多个角度下的梨花线稿，将线稿的图层模式改为【正片叠底】。

[Step 02]

在【线稿】图层下面新建图层，作为上色使用，然后平涂浅色作为梨花的底色，勿锁定上色图层的不透明度。

[Step 03]

将背景填充为暗灰色，用于突出花色，并用白色画出花朵的亮部区域。

[Step 04]

在花朵的花心处用淡黄色画出丝状花蕊，注意尖端的饱和度略高，用线条粗细体现出花药。

[Step 05]

复制出一部分花蕊并稍微移动些距离，修改花蕊颜色为白色。

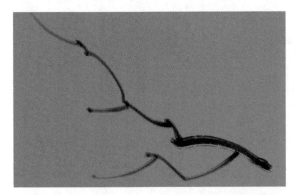 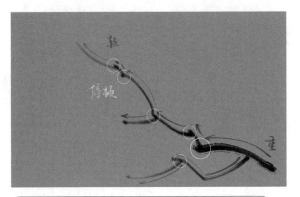

[Step 06]

新建画布，填充同样的背景色；新建【枝干】图层，并用制作好的浓墨枝干笔从下至上画出树枝走向。

注：运笔时注意用笔力度，从下至上线条越来越细，正如树枝的生长规律一般，在枝干转折处要让画笔停顿。

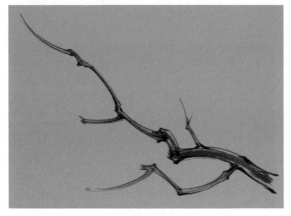

[Step 07]

使用调整过的浓墨平头湿水彩笔勾勒出枝干边线。

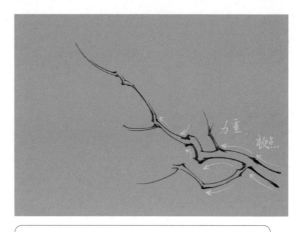

依旧要注意线条粗细及运笔转折顿点，还要注意曲直结合，富有变化。

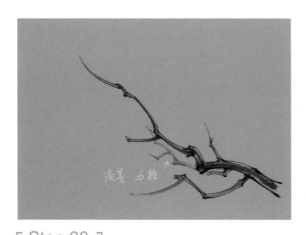

[Step 08]

用同样的方法，以较轻的运笔力度画出远处树枝的淡墨效果。

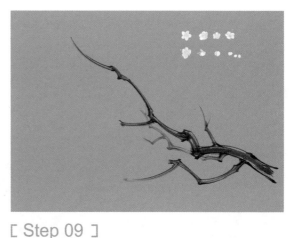

[Step 09]

将之前画好的所有花瓣的图层合并，将其移动到树枝的画布中，并用自由变换功能调整花朵至合适的大小。

[Step 10]

将合并好的花瓣当作素材，沿着树枝的生长趋势复制并排列好花朵及花苞，再使用自由变换功能调整大小及角度，组成团团花簇。

[Step 11]

在每个悬空的花朵下方用黑色或深色点出花托，画出连接的小树枝并与枝干相连，上面一层受光的花朵就绘制完成了。

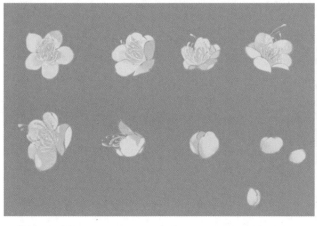 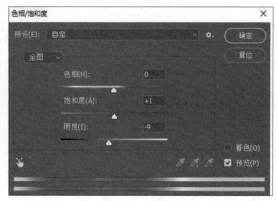

[Step 12]

用选区工具框选之前用到的花朵素材，单击鼠标右键，在弹出的菜单中选择【通过剪切的图层】，移动剪切出的图层至【枝干】图层下方，调整【色相/饱和度】，降低明度数值。

[Step 13]

复制出新的花朵，调整花朵大小及角度，铺出中层位置处于背光面的花簇。

[Step 14]

再次剪切花朵图层，将饱和度值调高，降低明度数值，作为最下层暗部花朵的素材。

〔 Step 15 〕

用同样的方法铺出最下层暗部区域的花朵，点出花托，画出连接的小花枝。

〔 Step 16 〕

画出梨花的嫩叶，整枝梨花就绘制完成了。

4.3.5 竹林

前面介绍了花卉的绘制技法，其实谈到古风场景，最能体现其风雅意境之美的非竹林莫属了。

竹，君子者也。经冬不凋，有节长青，正直挺拔，常为"风雅君子之士"的象征。下面结合画笔的制作方式，讲解一下竹林的绘制技法。

[Step 01]

选取青绿色，用纹理表面水彩笔与柔边类橡皮工具相结合，把握好运笔力度及色彩深浅层次，画出云雾缭绕的远近山体的效果。

[Step 02]

新建【前景竹子】图层，用启用了【传递】功能的平头湿水彩笔分节画出竹子的形态及走向。

[Step 03]

新建【后景竹子】图层，用相对较轻的运笔力度画出远处竹子的形态，区分出远近层次。

注：在竹节处下笔时注意停顿，同时注意竹子疏密关系的表现。

● 制作竹叶画笔

"介"字　　　　"个"字

竹叶叶片一般为针叶形，先端渐尖，基部收缩，在画竹叶时常以叶组的形态来表现，一般用"介"字或"个"字法对叶片形态进行分组。

[Step 01]

掌握这个规律后，在画布空白处用黑色画出两组疏密不同、形态不同的叶子，用于制作竹叶画笔。

【 Step 02 】

用选区工具框选画好的竹叶，单击菜单栏中【编辑】→【定义画笔预设】，单击【确定】保存好画笔。

【 Step 03 】

对画笔参数进行调节。

171

［ Step 04 ］

使用设置好的画笔绘制竹叶效果。

［ Step 05 ］

在竹子图层上方新建【竹叶（前）】图层，运用新制作的竹叶画笔，分别选取不同的蓝绿色，在竹竿的顶部及前景处铺出前景竹叶，并画出竹叶与枝干连接的小竹枝。

注：画笔毕竟是快捷性工具，在应用时不要完全依赖画笔画出的形状，不可能一笔到位，应适当用橡皮工具擦除一些多余叶片或叶组。

［ Step 06 ］

用同样的方法，以不同的颜色铺出中景及远景的竹叶。

注：竹叶颜色越浅，越接近背景白色，则表示它的位置越深远。

将每一层竹叶图层的不透明度锁定，用偏暖的绿色及背景白色画出叶片的明暗虚实关系。

第4章

〔 Step 08 〕

选取白色，用小点画笔在竹叶受光处及背景位置晕染，画出"撒点"效果。

[Step 09]

可以在局部加上红色的印章、签名等作为装饰，竹林的绘制就完成了。

第 5 章

CG古风插画Q版人物造型设计

古风 Q 版人物是古风人物插画中极具趣味性的一个绘画类别，相对于写实类的古风人物来讲，Q 版人物造型也更加容易表现。

Q 其实是英文 cute 的谐音，指可爱的意思，古风 Q 版人物就是将古风人物可爱化的一种绘画风格。

第 5 章

5.1 Q 版人物头身造型

　　古风Q版人物是以古风基本人物为原型，再根据人体比例进行变形而得到的。Q版人物的独特之处便在于身材短小、可爱，表情丰富、夸张，圆圆的脸蛋、胖嘟嘟的身体撑起古风服饰，使整个插画的氛围变得活跃而生动起来。

5.1.1 Q版人物头部的绘制

Q版人物的头部造型与成年阶段人物的头部造型有所区别，可将Q版人物理解为婴幼年时期的"小孩子"，想要表现可爱、萌萌哒的特点时，首先要画出人物充满"婴儿肥"的娃娃脸。

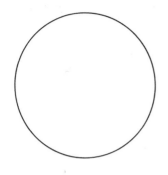

[Step 01]

娃娃脸，通俗地讲就是圆脸，在画布上用圆形选区工具画出圆形选区，单击鼠标右键，在弹出的菜单中选择【描边】，设置描边效果。

[Step 02]

在圆形的下方边缘画出脸部线稿。

[Step 03]

画出头部的十字线，确定头部透视中线及眼睛高度，在脸部线条与圆相接处画出耳朵的形状。

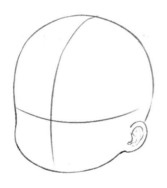

[Step 04]

按照草图轮廓画出头部，隐藏最初画的圆形。

[Step 05]

将十字线的不透明度降低，根据十字线定位画出五官的线稿。

[Step 06]

隐藏十字线，Q版人物的头部就绘制完成了。

5.1.2 Q版人物脸部的绘制

脸部五官是人物的传神之处，Q版人物的脸部线稿是根据现实人物的脸部特点进行夸张、变形，经提取主要线条来绘制而成，下面介绍详细的画法。

[Step 01]

在十字线的基础上画出眉毛走向，Q版人物的眉毛较为短小、夸张，依然用排线的方式画出眉头与眉峰的形状。

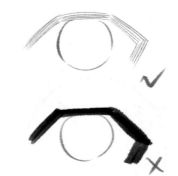

[Step 02]

概括地画出眼睛轮廓与睫毛的走向，用单线画出Q版人物的嘴巴，鼻子画与不画皆可，根据个人习惯而定。

注：切勿将眼睛轮廓线画得又黑又实，用规则的排线表示眼眶，这样能将眼部画出"透气"感。

[Step 03]

用两端细中间粗的断曲线画出黑眼珠的外形。

[Step 04]

用曲线进一步画出睫毛，若需要上色，则脸部线稿画到这一步就可以了。

[Step 05]

若想进一步细化眼睛，可以画出眼睛的高光及瞳孔排线。

[Step 06]

在眼珠的位置绘制排线，Q版人物的脸部线稿就绘制完成了。

拓展
Q版男女脸部的造型差异。

● 男性 ●

● 女性 ●

5.1.3 Q版人物表情的绘制

在Q版人物五官中，眉毛与嘴巴的画法相对简单，由于线条的走向可夸张处理，不同的五官形态组合在一起，可呈现出各种丰富的表情。

1.常见眉型分类

•平眉•

•吊眉•

平眉：平直的眉形，用于表现基本的面部表情，无大喜大悲，十分常用。

吊眉：眉尾轻扬上挑，可表现帅气潇洒的古风人物，也可用于表现心情愉悦、自信飞扬等表情。

•上扬眉•

•下垂眉•

上扬眉：眉形夸张上扬，与吊眉相比，角度更为夸张，可用于表现愤怒、嫌恶的表情。

下垂眉：眉尾向下垂落，用于表现悲伤哀愁的表情。

2.常见嘴型及其含义

•正常微笑、自信微笑•

•萌萌哒、开口笑•

•嘴巴嘟嘟•

•开怀、张嘴、大笑、大叫•

•咬牙、咧嘴、疼痛•

•吐舌、俏皮、鬼脸•

•吃东西、嘴角食物还没擦掉•

•无语凝噎、嘴唇颤抖•

•噘嘴、委屈巴巴•

•自带唇妆的微笑式樱桃小嘴•

将表示喜怒哀乐的常用眉型与嘴型搭配组合，并根据眼睛的变化，可画出下列各种Q版表情。

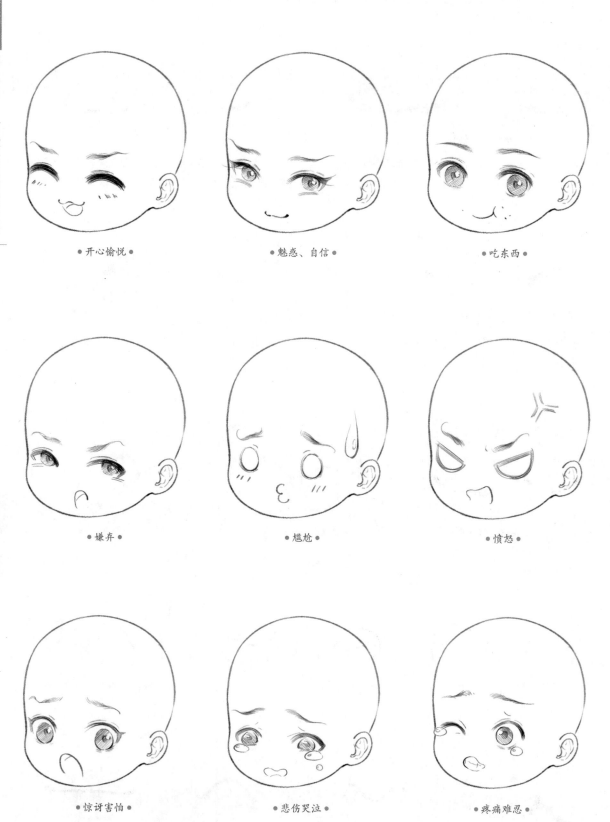

●开心愉悦●　　　　　●魅惑、自信●　　　　　●吃东西●

●嫌弃●　　　　　●尴尬●　　　　　●愤怒●

●惊讶害怕●　　　　　●悲伤哭泣●　　　　　●疼痛难忍●

5.1.4 Q版人物身体的绘制

在古风插画中，常见的Q版人物的身高为2头身、2.5头身、3头身。

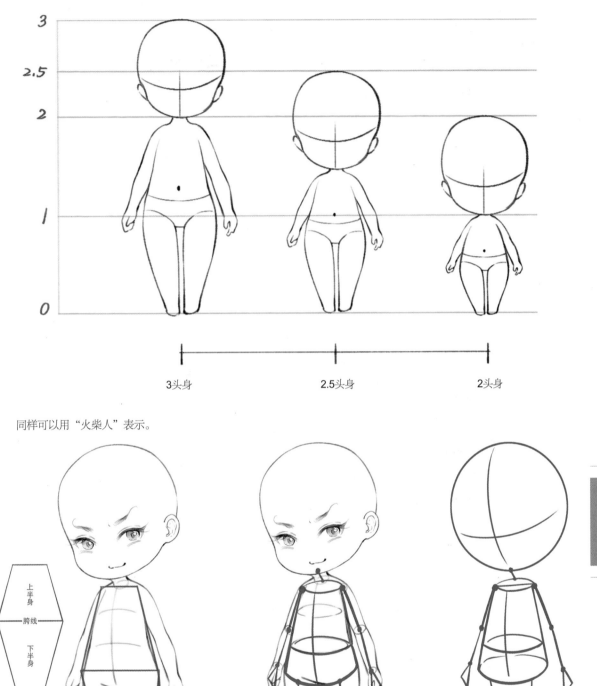

同样可以用"火柴人"表示。

Q版人物的身体并没有普通成年人身体那么复杂，呈现上（肩）下（脚）两端细、中间（肚子）粗的形态，即以跨线为界，上半身呈梯形，下半身呈倒梯形。

第 5 章

按照头身比例，结合"火柴人"画法，也可画出站、坐、卧3种姿势。

● 站姿

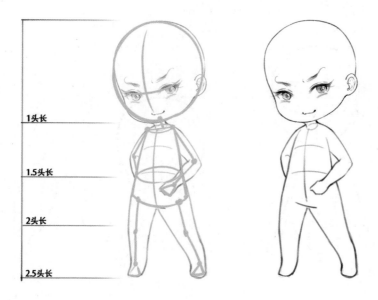

1头长
1.5头长
2头长
2.5头长

● 坐姿

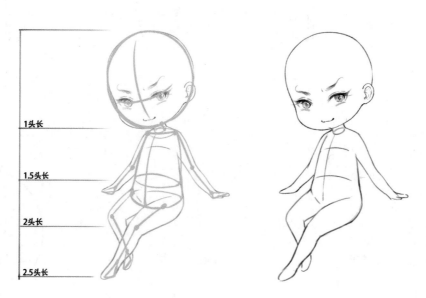

1头长
1.5头长
2头长
2.5头长

● 卧姿

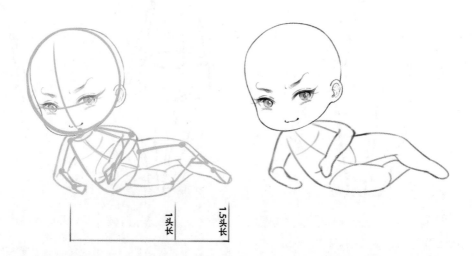

1头长　1.5头长

5.2 Q版人物头发与服饰造型

古风Q版人物的装束与普通古风人物的装束十分相似，头发与服饰的画法也基本相同，只是Q版人物身材短小，头发与服饰的造型线条相对减少，更加精练，所以画起来要比普通古风人物容易很多。

5.2.1 Q版人物发型

前面已经介绍过人物发型的画法及分类，Q版人物头发的画法与前面介绍的基本相同；然而由于Q版人物的头部形态与普通古风人物的不同，普通古风人物的头部类似椭圆形，而Q版人物的头部接近圆形，所以在绘制发型时要以Q版圆形头部为基础。

按照圆形头部的头发生长趋势对头发进行分组，Q版人物的额头发际线略高些，线条相对较少，简洁精练。

●束发斜分短刘海●　　　　　●半束发斜分长刘海●　　　　　●长卷发斜分短刘海配额饰●

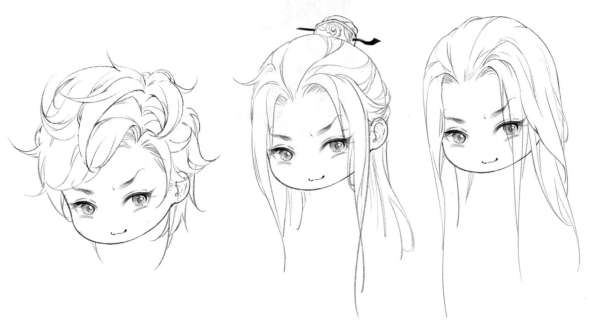

●短卷发斜分短刘海●　　　　　●半束发中分长刘海加冠●　　　　　●长直发中分长刘海●

5.2.2 Q版人物服饰

在绘制Q版人物的服饰时，可按照Q版人物的头身比找准各个部位，即可展现出Q版人物的古风服饰造型。

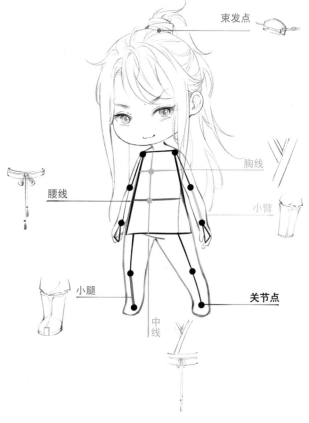

在服饰搭配上要注重结构层次，丰富服饰造型与层次，才会使古风Q版人物的造型更加饱满。

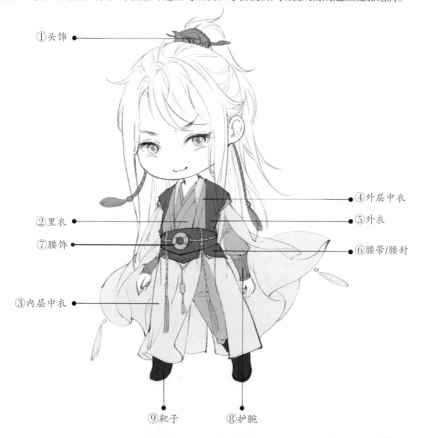

下面以不同的颜色将整套服饰进行区分，便于学习与理解。

①头饰：这里指发冠，佩戴于头部位置，头饰的常用搭配还包括发簪、发带、步摇、额坠、抹额等。

②里衣：交领窄袖短衣，由内而外穿戴于第2层（最里层为内衣）；领口可以是交领、直领、立领、圆领等。

③内层中衣：立领，剪裁式飘袖，由内而外穿戴于第3层，领1口可以是立领、直领等。

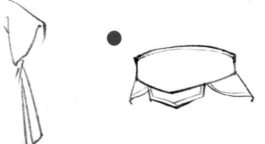

④外层中衣：直领半臂，于外衣与中衣间的附加服饰，由内而外穿戴于第4层。

⑤外衣：直领半臂，由内而外穿戴于第5层，即最外层。

⑥腰带/腰封：常用布料、皮革、金属等材质制成，佩戴于腰部位置，腰线上下。

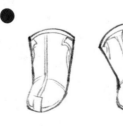

⑦腰饰：腰带饰品，佩戴于腰带上，常用玉带扣、系带、玉佩、金属等配件制成。

⑧护腕：因金属、皮革、绑带等材质制成，穿戴于小臂位置。

⑨靴子：常用布料、皮革等材质制成，穿戴于小腿部位。

5.3 Q版人物上色技法

Q版人物上色技法分为3大步骤：分色、细化与线稿着色。本节以下图为例分步骤进行讲解，为一幅呈跪姿的Q版人物的线稿上色。

5.3.1 分色

分色，在古风插画中是一种很常用的上色方法，是指通过不同的图层画出不同的底色（固有色），将人物各个部位划分出颜色范围；然后锁定每个图层的不透明度，即可锁定画出的底色范围，于当前图层上再画任何颜色都不会影响到其他区域，是相当方便的上色方法。

在【线稿】图层下分别新建【皮肤】【头发】【衣服】【中衣】【腰带】【腰饰】等图层，并依照线稿用不同颜色平涂出相应底色范围，锁定每个图层的不透明度。

5.3.2 细化

细化，即细化各部分分色图层，在每个底色图层中画出各部分区域的明暗关系。

[Step 01]

选中【皮肤】图层，选择19号画笔，将硬度值降低，用较深的肤色画出脸部及手部的暗部色彩，注意过渡区域要柔和自然。

[Step 02]

选取粉红色，画在人物嘴唇、脸蛋及指尖部分，再选取深棕色画在人物眉毛、眼睛轮廓线部分。

[Step 03]

选取蓝紫色与蓝色，分别画出瞳孔及眼球上半部的暗色与眼球下半部的亮色。

[Step 04]

用较亮的蓝色围绕瞳孔画出眼球下半部分亮部的反光点，再用纯白色点出眼睛及脸部的高光。

[Step 05]

选中【头发】图层，选择纹理表面水彩笔，设置好【传递】功能，用暗色铺出头发的暗部，并用肤色及背景白色画出头发边缘的肤色及反光色。

[Step 06]

整理主要发组的颜色，选择发丝画笔，按照发组线稿的走向为头发添加发丝效果。

暗色区域

[Step 07]

用白色点出头发的高光。

[Step 08]

选中【衣服】图层，将衣服底色修改为白色，再用蓝色画出衣服的暗色区域。

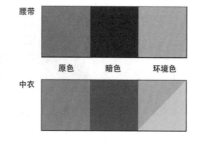

[Step 09]

用深色画出中衣及腰带的暗部，再用蓝色及肤色分别画出受衣服及皮肤影响的环境色。

[Step 10]

细化衣服的暗部颜色，将靠近脸部的区域用肤色过渡。

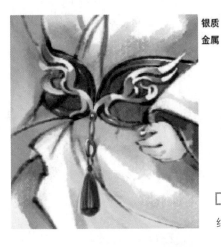

银质
金属

亮色	暗色	反光色

[Step 11]

细化腰饰的颜色，画出银质金属饰品与流苏。

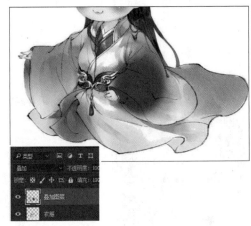

[Step 12]

为衣服加颜色（透红中衣），在【衣服】图层上新建叠加图层，选择【叠加】模式，选取中衣深色，用柔边圆画笔铺出图中所示的颜色范围。

[Step 13]

新建【发饰】图层，为头发添加装饰，用纹理表面水彩笔直接画出蓝色发带。

[Step 14]

为头发添加颜色，新建头发叠加图层，选取粉色及蓝色铺出图中所示的颜色范围。

5.3.3 线稿着色

线稿着色，即修改线稿颜色，将原本黑色线稿的图层锁定不透明度，用画笔工具将不同位置的线稿修改为对应颜色，目的是为了将各个颜色图层统一，使颜色与线稿融合。

接5.3.2小节最后一步操作，将【线稿】图层的不透明度锁定，用画笔工具画出相应线稿的颜色（例如，为脸部、手部的线稿平涂肤色，为衣服的线稿平涂蓝色等），这样，Q版人物的上色就完成了。

5.4 古风背景的搭配技法

古风背景大多用于交代环境及衬托人物，有时可能在画面中占很小的比例，却是不可缺少的重要元素，只有将背景融入其中，才能完整地呈现出一幅有氛围、有意境的画面。

5.4.1 古风景物的搭配

古风插画的背景要围绕人物进行搭配，尽量选用与人物色调相近的背景或景物，便于统一画面色调，这样背景与人物在一起才会统一、和谐。

图中Q版人物的主色调为绿色，那么在选取景物进行搭配时，可选用绿竹。

5.4.2 古风景物写意画法

古风景物在画法上通常可分为写意与写实两种。

写意类型的景物大多以水彩、水墨风格为主，选择颜色后直接用渲染的方法即可营造意境氛围。

下面以右图中Q版影视人物插画为基础，围绕Q版人物添加写意背景效果。

[Step 01]

不起线稿，在【背景】图层上新建【花景】图层，直接用勾线用的平头湿水彩笔（或水彩类纹理表面水彩笔），以回笔的运笔方法，按照"起笔轻—落笔重—收笔轻"原则，画出紫藤花瓣。

[Step 02]

画出紫藤花中心的主枝干，再用短线画出细枝，连接花瓣。

[Step 03]

移动并复制出两束新的紫藤花，使其围绕人物分布，注意应疏密有致。

〔 Step 04 〕

将【花景】图层锁定不透明度，选取人物自身的主要颜色，用柔边圆画笔晕染在紫藤花瓣上。

〔 Step 05 〕

解锁【花景】图层，用画笔与橡皮工具修饰紫藤花瓣尖端的形状，写意风格的紫藤花背景就绘制完成了。

5.4.3 古风景物写实画法 ⦂⦂

在写实类的背景中，对景物的刻画会较为细致，与之前讲解的植物的上色方法类似。

下面将之前画好的植物作为景物，置入于Q版人物背景中。

[Step 01]

直接将之前画好的植物移动至人物图层的下面，使用自由变换功能调整植物至合适大小，并旋转一定角度，使其与人物相匹配。

> 注：无论重新绘制景物或选择已有的景物练习作品，都要尽量选取与Q版人物色调相协调的景物，例如，图中人物色调以黄绿为主，那么在添加背景时应尽量选取与黄绿色调接近的颜色，若颜色差异过大可调整【色相/饱和度】【色彩平衡】等。

[Step 02]

提取Q版人物身上的淡绿色，用来填充背景，再根据背景色适当调
整景物色调的明度及饱和度。

在画古风插画时要根据画面效果灵活使用不同的上色方法。写意与写实只是两种画面效果，两种方法各有特色，可单独
呈现，也可同时运用于同一幅画面中，选择适合当前画面的表现手法才是最重要的。

仍以上图为例，在写实背景中加入写意背景效果。

[Step 01]

选取深绿色，用水彩类画笔或柔边圆画笔画出山水的水
墨效果。

[Step 02]

在山体边缘画几笔深色，再画出水纹形状。

CG古风插画案例演示

一幅完整的古风插画无论在构图、线稿还是上色阶段都要面面俱到，本章通过 3 个古风插画案例来演示各个绘画阶段的详细步骤。

6.1 Q版同人插画《剑侠情缘》

同人插画，即从影视或游戏等作品已有的人物设定中衍生出来的插画作品，属于非原创或半原创的插画作品。

与写实类插画相比，Q版古风插画更具夸张性、发挥性及创造性，也更加便于初学者理解与创作。本节以Q版同人插画为例，演示多人角色的绘制方法。

[Step 01]

新建【草图】图层，画出不同动作形态的Q版人物的身体轮廓。

[Step 02]

降低草图的不透明度，新建【草图2】图层，细化出头发、服饰、道具等对象的结构线条。

[Step 03]

再次将【草图2】图层的不透明度降低，新建【线稿】图层，在草图的基础上勾勒线稿，用不同粗细的线条区分Q版人物的前后层次。

[Step 04]

隐藏所有草图图层，显示完整Q版人物的线稿。

在勾线时可尽量多新建图层，存放不同人物不同部位的线稿，便于后期修改及调整。

[Step 05]

在【线稿】图层下面新建多个上色图层及图层组，平涂各人物各部位底色，并锁定图层的不不透明度。

> 对人物进行分色时通常以固有色为底色，若固有色为白色可先用其他颜色填充，随后锁定图层的不透明度，将其修改为白色。

[Step 07]

用黄色铺出眼球颜色（反光颜色），并用深棕色画出眉毛、眼部线条、瞳孔及眼球暗部。

> 注：画眼球颜色时反光先画后画皆可，上色并无固定顺序。

[Step 06]

选择柔边类画笔，选取较深的肤色画出皮肤暗部及受服饰影响的阴影，并用粉红色画出脸部红。

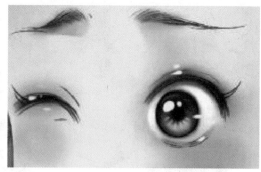

〔 Step 08 〕

将画笔模式选择为"线性减淡（添加）"模式（或直接选取亮色），画出眼球反光处的亮点，然后点出眼睛部分的高光。

〔 Step 09 〕

用白色点出脸部、嘴唇及耳朵等皮肤上的高光，再画出嘴、耳朵细节部分。

〔 Step 10 〕

用纹理表面水彩笔画出白色裤子的暗部区域。

〔 Step 11 〕

选取深色，根据明暗交界线画出腰部服饰黑色皮革的暗色区域。

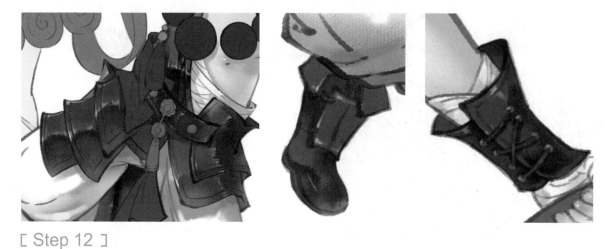

〔 Step 12 〕

依旧用纹理表面水彩笔，在腰部服饰的明暗交界线处画出皮革高光，然后画出腰带、护腕及靴子处的装饰细节。

〔 Step 13 〕

用亮红色及暗红色画出袈裟的明暗。

〔 Step 14 〕

用暗黄色画出袈裟上的条纹装饰，再选取亮黄色画出条纹的受光部分。

〔 Step 15 〕

画出佛珠的暗色及反光色。

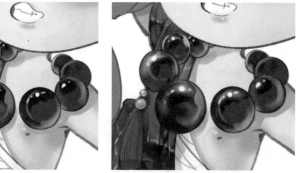

〔 Step 16 〕

将画笔换为19号画笔，将画笔硬度值降低，用白色画出高光；将画笔放大，用较轻的运笔力度画出高光点上柔和的光晕。

[Step 17]

用纹理表面水彩笔细化出皮革上的金饰品。

[Step 18]

画出鞭炮及木棒的明暗,在明暗交界线及边缘处画出高光。

[Step 19]

绘制第2个Q版人物,画出人物脸部及四肢部分的颜色,在眼睛与嘴巴处点出高光。

[Step 20]

选择纹理表面水彩笔,选取深紫色,画出衣服的暗部区域。

[Step 21]

分别铺出黑色袖子、腰带及白色上衣的明暗,用肤色画出白衣的反光及黑袖微微透明的颜色。

[Step 22]

选取白色及淡紫色画出裙边的蕾丝装饰。

高光

[Step 23]

用深色铺出头发的颜色，留出红线区域的高光部分。

头发亮色

皮肤暗色

[Step 24]

选择柔边圆画笔，放大画笔，吸取皮肤的暗色，晕染头发边缘和发根区域，画出头发的薄透感；再吸取亮色细化高光处的发组，用白色点出高光点。

[Step 25]

细化出头饰及项链的银质金属饰品。

[Step 26]

选择发丝画笔，按照头发走向画出每个发组的发丝。

[Step 27]

绘制第3个Q版人物，按照前面介绍过的方法画出眼部；用柔边圆画笔画出手的暗部，再点出白色高光。

[Step 28]

用纹理表面水彩笔画出头发明暗及发组细节，选取头发亮色画出头发反光；选取肤色画出头发边缘的薄透感，选择发丝画笔，用头发暗色添加发丝效果。

[Step 29]

选择硬边圆画笔并启用形状动态中的钢笔压力功能，用白色及头发亮色在高光处画出高光及细小发丝。

[Step 30]

选择纹理表面水彩笔，画出白色衣服的暗部区域。

  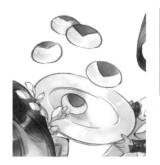

[Step 31]

细化头冠饰品。

[Step 32]

细化出衣服上面的其他金饰。

[Step 33]

细化道具，画出盘子与糕点的明暗及固有色。

[Step 34]

选取白色，画出各人物皮肤边缘的高光线条。

[Step 35]

将各部分线稿修改为对应区域的颜色，
Q版多人角色的插画就绘制完成了。

6.2 男性角色原创插画《鹦妖》

本节以金刚鹦鹉为主题，以冷蓝色为主色调，创作出一幅写实风格的古风白衣男子插画。

创作灵感来源于出行时偶然见到一只金刚鹦鹉，见其活泼灵动，于是将动物拟人化，在展现鹦鹉姿态的同时，将其幻化为不谙世事的妖。花瓣雨下，梨树林间，白衣男子表情忧郁。白衣、梨花，加上冷蓝的整体色调以冷衬暖，烘托鹦鹉艳丽的绯色，代表热情的绯色，恰好与人物忧郁的气质产生鲜明对比，呈现出一幅冷寂中不乏朝气的画面。

● 起稿

[Step 02]

在【人体】图层上新建【草图】图层，根据人体造型设计飘动的头发、服装及其配饰，用长线先概括出其大体形态。

[Step 01]

新建【人体】图层，画出呈站立姿态的人体的结构，并将【人体】图层的不透明度降低，或锁定不透明度修改为其他颜色，以示区分。

[Step 03]

围绕人物姿态用调整后的平头湿水彩笔画出梨树的枝干走向。

[Step 04]

降低草图的不透明度，新建【草图2】图层，根据人物头部的十字线画出脸部五官草图。

[Step 05]

细化长直披发造型。

[Step 06]

单独复制出手部及小臂部分的草图，细化人物服饰草图。

[Step 07]

依旧用平头湿水彩笔细致勾勒人物各部分线稿，设计出人物衣服及腰带上的饰品造型。

[Step 08]

隐藏所有的草图，人物线稿就绘制完成了。

第 9 章

● 分色

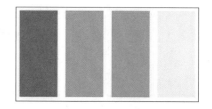

[Step 01]

选择调整后的纹理表面水彩笔，选取蓝绿色画出近山及远山的晕染效果，确定出作品的冷蓝主色调。

[Step 02]

新建人物部分的底色图层，按照线稿轮廓平涂出皮肤及头发的底色。

[Step 03]

按照线稿轮廓，分别平涂出里衣、中衣及外衣的底色。

分色时注意各部分固有色在画面中的设计搭配，蓝色为主色调，蓝绿色为辅助色调，红色占比最小，为点缀色调。

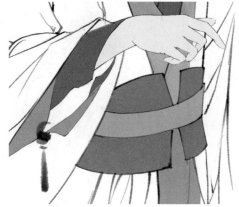

[Step 04]

分出肩饰、腰封及腰带的底色，锁定所有底色图层的不透明度。

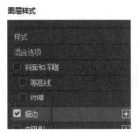
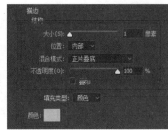

[Step 05]

新建【花瓣】图层，在【图层样式】对话框中勾选【描边】，设置参数；将描边颜色吸取为画面中的蓝色，将混合模式切换为【正片叠底】，用平头湿水彩笔并选取白色，以点涂的运笔方式画出花瓣的形态。

[Step 06]

在人物左手手背位置添加鹦鹉的线稿，吸取人物身上的不同颜色铺出鹦鹉表面羽毛的颜色，分色就完成了。

● 细化上色——头部

[Step 02]

铺出眼睛及嘴唇的颜色与明暗，用皮肤亮色与暗部颜色配合画出人物面部光影效果（在左侧打光）。

[Step 01]

选择启用了传递钢笔压力功能的大涂抹炭笔画笔，选取较深的肤色，铺出皮肤的暗部区域。

锁定皮肤线稿图层的不透明度，按图中所示将眉眼选区外的皮肤的线稿修改为饱和度较高的红色或肤色。

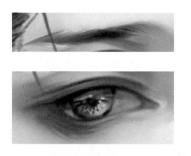   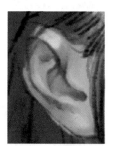

〔 Step 04 〕

在【线稿】图层上新建图层，用颜色整理线稿，细化脸部五官，吸取鹦鹉的部分色彩为眼珠上色，眉头与眼尾适当加暖色；整理面部颜色，用白色加强侧面高光，使脸部的质感更加细腻，加强五官的立体感。

〔 Step 05 〕

吸取眼睑处的深色加深眉毛，增加眉毛的毛发质感，画出眼睛的眼睫毛。

第 6 章

〔 Step 06 〕

选取纯白色点出眼睛及嘴部的高光。

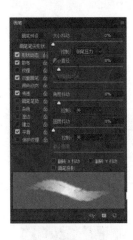

[Step 07]

选择大涂抹炭笔，勾选【传递】及【形状动态】，将控制设置为【钢笔压力】，调小最小直径数值，铺出头发明暗，再画出发组间的暗部颜色。

[Step 08]

细化出头发体积，画出头发高光区域的颜色，人物头部的绘制就完成了。

● 细化上色——服饰

[Step 01]

选择启用了传递压力功能的大涂抹炭笔，用大色块分别铺出外衣、中衣及里衣的明暗。

〔 Step 02 〕

分别铺出腰封、腰带及羽毛形肩饰的明暗。

〔 Step 03 〕

将服饰线稿修改为各个位置对应的颜色。

〔 Step 04 〕

将起稿时画出的饰品草图的部分图层取消隐藏，将其移动至【线稿】图层的上面，然后锁定图层的不透明度，铺出白色流苏及金饰的明暗。

〔 Step 05 〕

细化白色外衣，画出衣服的褶皱起伏，用深色画出衣服的暗部阴影。

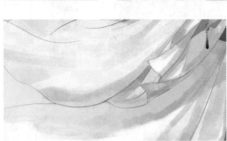

[Step 06]

在外衣暗部用饱和度较高的亮蓝色画出反光及透光效果。

[Step 07]

选择19号画笔画出颜色的过渡效果，使布料褶皱更加平滑自然。

> 注：这一步是细化服饰颜色的关键阶段，一定要处理好每块颜色交界处的虚实过渡，又要表现出差异变化。

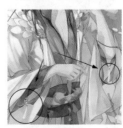

[Step 09]

细化金质流苏饰品的颜色及明暗，并将饰品进行复制，运用自由变换功能调整饰品形状，使其变成新的胸饰及袖饰。

[Step 08]

分别细化蓝绿色中衣及红色里衣的颜色及明暗。

[Step 10]

画出腰带上的金饰、流苏及镶嵌的红、绿宝石。

[Step 11]

细化手部及手臂的颜色，用肤色的亮暗来表现出类似于圆柱体的立体感。

● 背景的绘制

[Step 01]

按照前面讲解的梨花的画法画出梨树上的花朵，点出花蕊，画出花托、花枝；画好后合并梨树图层，吸取背景色，用较轻的力度运笔，淡化远处的花枝。

 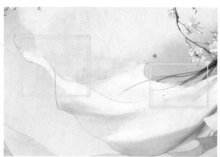

[Step 02]

用柔边类画笔或涂抹类画笔将衣袖与衣摆的部分边缘虚化，展现飘动效果；修改衣摆形态，增强衣服飘动动态与层次感，再用橡皮工具擦掉多余的衣摆线稿。

[Step 03]

画出前方的花枝，围绕人物按照S形构图来布局花、枝干走向，再用白色点出在衣服旁飞舞的及铺在地面的小片花瓣。

注：用颜色的深浅区分前后树枝的层次关系，前深后浅。

[Step 04]

细化鹦鹉部分，可从艺术的角度进行夸张，将鹦鹉尾部画得较为修长一些。

[Step 05]

《鹦妖》写实风格的插画就创作完成了。

6.3 女性角色原创插画《枯荷听雨》

本节以雨打枯荷为主题，以暖紫色为主色调，搭配暖黄色等辅助色调，创作出一幅写实风格的古风紫衣女子插画。

该作品名称取自李商隐佳句"留得枯荷听雨声"。图中少女于水中翩翩而立，手执荷叶，身处湖光山色、雨打残荷的美景之中，展现出如诗如画的江南山水。

● 起稿

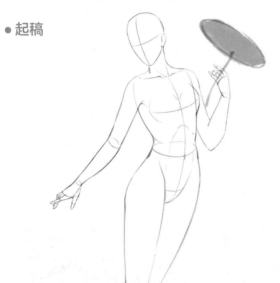

[Step 01]

新建【人体】图层，画出左手执荷的女性人体造型，将【人体】图层的不透明度降低，或锁定不透明度修改为其他颜色，以示区分。

[Step 02]

在【人体】图层上新建【草图】图层，根据人体造型设计长卷发发型、服装及其配饰，女子服饰造型多以柔美的曲线表现，可用S形褶皱丰富服饰层次。

注：荷叶为伞状结构，在草图部分可以用椭圆形概括。

[Step 03]

以人物为表现主体，围绕人物姿态用调整后的平头湿水彩笔画出近景荷叶的分布以及地面、远山等轮廓。

〔 Step 04 〕

降低草图的不透明度，隐藏前景与背景【草图】图层；新建【线稿】图层，根据人物头部的十字线勾勒出脸部五官、发型及服饰线稿。

〔 Step 05 〕

显示前景与背景【草图】图层，降低图层的不透明度，在其上面新建【荷叶】线稿；画出荷叶轮廓形态及水面弧形轮廓线，隐藏所有草图图层，这样线稿的绘制就完成了。

分色

BRUSHES　渲染类型笔刷 背景

[Step 01]

选择纹理表面水彩笔，由于想要展现水墨江南，因此选取偏灰（饱和度较低）的紫色与青绿色来渲染出近景与远景的底色，表现水面效果；选择大涂抹炭笔画出远处的地面及石头的轮廓；选择用于渲染的画笔画出远处青山的轮廓，确定出偏紫灰色的主色调。

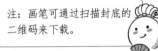

注：画笔可通过扫描封底的二维码来下载。

[Step 02]

在【线稿】图层下新建【荷叶底色】图层，换回纹理表面水彩笔，按照荷叶轮廓线铺出黄色及青绿色的枯荷底色。

[Step 03]

新建人物不同位置的底色图层，按照线稿轮廓，分别平涂出皮肤、头发、里衣、中衣、外衣、腰带、头饰等对象的底色；锁定所有底色图层的不透明度，分色就完成了。

● 细化上色——头部

[Step 01]

锁定皮肤线稿图层的不透明度，将眉眼区域外的皮肤线稿修改为饱和度较高的红色或肤色。

[Step 02]

由于女子脸部柔美，因此上色较为细腻，使颜色过渡自然。可以选用柔边圆画笔或将19号画笔的硬度值降低，画出皮肤的明暗；用深色铺出眼球的颜色，用粉红色铺出嘴唇的明暗。

[Step 03]

画出眼珠的明暗及反光，分别使用深粉色、浅粉色、肤色画出嘴唇的体积感。

[Step 04]

在皮肤线稿图层上新建图层，进行二次上色；在线稿处细化五官轮廓，虚化眼尾及双眼皮，使五官表现得更加柔和。

   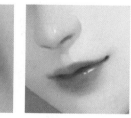

[Step 05]

将画笔缩小，勾勒出睫毛，再点出眼睛、嘴唇及鼻头的高光点，脸部上色就完成了。

高光线

〔 Step 06 〕

选择纹理表面水彩笔，铺出头发的明暗，留出高光附近的亮部区域。

〔 Step 07 〕

选择19号画笔，将画笔缩小，画出发组间的暗部，用粗线条画出S形发丝表现卷发，进一步强调分组关系。

〔 Step 08 〕

为【头发】图层创建【发丝】图层蒙版，选择发丝画笔，沿发组方向为头发添加发丝效果。

将鼠标指针移至交界线处出现此符号时单击，即可为下方图层建立蒙版。

注：在【头发】图层上新建【发丝】图层，按住【Alt】键，将鼠标指针移至两图层之间单击，即可将【发丝】图层创建为【头发】图层的蒙版，即【在发丝】图层上的所有颜色都不会超出【头发】图层的颜色范围。

〔 Step 09 〕

将画笔缩小，用纯白色画出高光点及高光处的极亮发丝。

〔 Step 10 〕

为了与风中服饰的动态造型相匹配，将头发的发尾也设计为飘动的形态，直接选择纹理表面水彩笔，在【头发】图层铺出头发的明暗关系。

> 注：接近人物边缘的头发多用背景色晕染，将头发层次向后推。

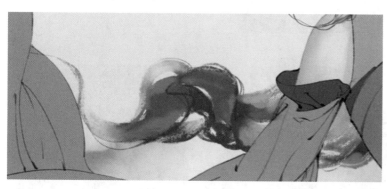

粗糙干画笔
调整 橡皮.

〔 Step 11 〕

解锁【头发】图层的不透明度，选择橡皮工具，将橡皮画笔切换为粗糙干画笔，擦除发尾边缘部分，使发尾边缘产生粗糙的效果。

发丝笔刷.

〔 Step 12 〕

选择发丝画笔，沿发尾转折处添加发丝。

〔 Step 13 〕

选择19号画笔，将画笔调小，进一步细化肩部头发边缘的发丝，添加波浪式的曲线，头部的绘制就完成了。

● 细化上色——服饰

[Step 01]

选择19号画笔或纹理表面水彩笔，用大色块分别铺出外衣、中衣、里衣的明暗。

[Step 02]

分别画出腰封与腰带的明暗。

[Step 03]

细化紫色外衣褶皱的明暗关系。

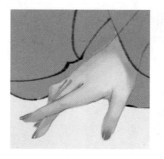

〔 Step 05 〕

细化手部的明暗，过渡自然，再画出指尖处的指甲及高光。

〔 Step 04 〕

细化紫灰色中衣褶皱的明暗关系。

〔 Step 06 〕

将线稿的图层模式切换为"正片叠底"，再将里衣、中衣、外衣、腰封、腰带、发带等各部分线稿修改成各自相应的颜色。

〔 Step 07 〕

分别将纱质里衣与袖子图层的不透明度降低，绘制出纱质布料的半透明底色。

注：按住【Ctrl】键并单击红框内区域，即可建立纱底图层颜色范围的选区，与锁定不透明度功能类似，此时颜色无法画出选区。

〔 Step 08 〕

在底色图层上新建【细化】图层，按住【Ctrl】键单击底色图层预览框，并用大涂抹炭笔画出暗部颜色，留出高光亮部。

〔 Step 09 〕

在褶皱的轮廓处画出纱袖的部分高光线条。

〔 Step 10 〕

沿线稿画出另一个纱袖褶皱的深色。

〔 Step 11 〕

铺出衣袖整体明暗，在暗部用深色强调褶皱间的投影颜色。

〔 Step 12 〕

由于背景荷叶的衬托，可将衣袖颜色做夸张处理，在暗部不受光的位置加上黄色反光及透色效果。

〔 Step 13 〕

降低腰带及发带的不透明度，按照上面绘制纱质效果的画法细化出腰带和发带的半透明质感，再将覆盖的部分衣袖的线稿擦除。

〔 Step 14 〕

新建【纹饰】图层，将图层模式选为"线性加深"，在领口处画出暗纹图案，再画出纹饰边缘的高光。

 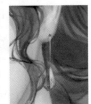

〔 Step 15 〕

取消隐藏饰品草图，根据草图阶段设计的饰品剪影形状细致画出各个饰品。

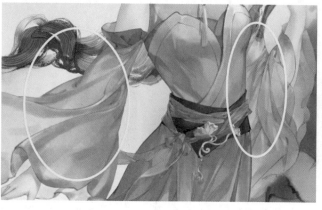

[Step 16]

擦除被衣袖遮挡的部分皮肤的线稿，或者将这部分线稿的颜色修改为浅色，服饰的上色就完成了。

 背景的绘制

[Step 01]

以单片荷叶为例，选择大涂抹炭笔，分别选取饱和度较低的土黄、黄绿、绿等颜色，画出荷叶的明暗及枯叶的残破部分。

[Step 02]

隐藏线稿，选择橡皮工具，切换为粗糙干画笔，以不规则运笔的方式擦除荷叶边缘部分，进一步展现干枯荷叶的边缘形态。

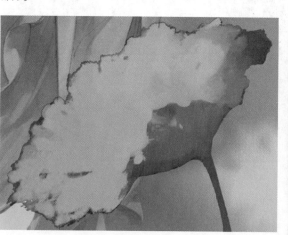

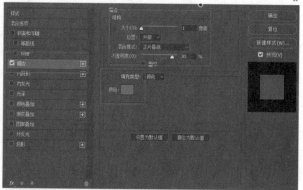

[Step 03]

为荷叶图层添加图层样式，勾选【描边】，调整参数，将描边颜色修改为黄褐色（枯叶颜色）。

[Step 04]

用小画笔或者勾线画笔勾勒出荷叶叶脉。

[Step 05]

按照荷叶草图分别画出所有荷叶。

[Step 06]

选择柔边圆画笔，用选区工具画出荷花花瓣的形状，画出整朵荷花的颜色及形态。

[Step 07]

将人物身后的中景、远景以大小荷叶做搭配，用背景色晕染出过渡部分的边缘，强调虚实层次。

[Step 08]

回到背景图层，选择纹理表面水彩笔，在荷叶下面晕染深绿色，配合较浅的粉紫色画出水彩效果。

[Step 09]

缩小19号画笔，画出不规律分布的平行直线，表示下雨的效果。

[Step 10]

在背景图层的上面新建【水波纹】图层，选择椭圆形选区工具，调整羽化值，按住【Shift】键并画出圆形区域，单击鼠标右键，在弹出的菜单中选择【描边】，调整描边数值及颜色后确认。

[Step 11]

降低【水波纹】图层的不透明度，复制图层后再近些自由变换，按住【Shift】+【Alt】快捷键，沿中心拖动调节手柄缩小圆，重复此步骤画出多个圆圈。

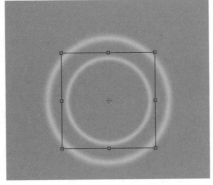
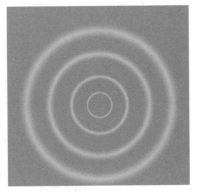

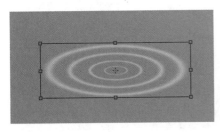
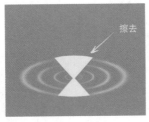

擦去

[Step 12]

将所有波纹压扁至椭圆形，用柔边圆橡皮擦除黄色区域部分。

[Step 13]

画出多个大小及圈数不等的椭圆形，并在与直线相交的地方画出喷溅的水滴形状，即可完成水面波纹的绘制。

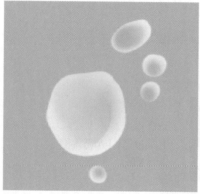
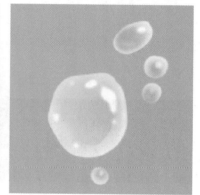

[Step 14]

在荷叶图层上面新建【水珠】图层，用白色平涂出水珠形状，用柔边圆橡皮擦除中间颜色，最后点出高光及反光，即可画出半透明的水珠。

[Step 15]

重复上述步骤画出荷叶上的所有水珠。

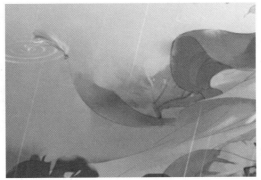

〔 Step 16 〕

调整画面，将衣袖及衣摆部分用柔边圆画笔吸取背景色进行过渡，擦除多余边缘的线稿。

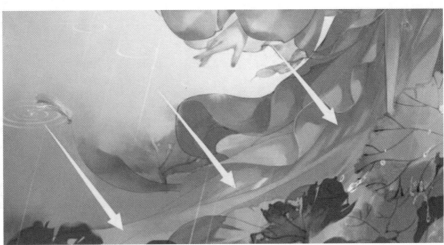

〔 Step 17 〕

选择柔边圆画笔，用较轻的运笔力度画出衣服下摆部分的黄色反光及环境色。

〔 Step 18 〕

重新调整五官大小，合并所有图层，用套索工具选出眼睛并复制，适当放大复制出的眼睛，增强古风江南女子的温婉神韵。

第 の 章

[Step 19]

该幅古风插画创作完成。

[Step 19]

该幅古风插画创作完成。